게릴라 가드닝

ON GUERRILLA GARDENING
Copyright ⓒ 2008 by Richard Reynolds
All rights reserved

Korean translation copyright ⓒ 2012 by Dulnyouk Publishing Co.
Korean translation rights arranged with Bloomsbury Publishing Plc.,
through EYA(Eric Yang Agency)

이 책의 한국어판 저작권은 EYA(Eric Yang Agency)를 통해 Bloomsbury Publishing Plc.와 독점
계약한 '들녘출판사'에 있습니다. 저작권법에 의하여 한국 내에서 보호를 받는 저작물이므로 무단
전재와 복제를 금합니다.

게릴라 가드닝
ⓒ 들녘 20128

초판 1쇄	2012년 1월 30일			
초판 4쇄	2021년 11월 12일			
지은이	리처드 레이놀즈			
옮긴이	여상훈	펴낸이	이정원	
		펴낸곳	도서출판 들녘	
출판책임	박성규	등록일자	1987년 12월 12일	
편집주간	선우미정	등록번호	10-156	
편집	이동하·이수연·김혜민	주소	경기도 파주시 회동길 198	
디자인	김정호	전화	031-955-7374 (대표)	
마케팅	전병우		031-955-7376 (편집)	
경영지원	김은주·나수정	팩스	031-955-7393	
제작관리	구법모	이메일	dulnyouk@dulnyouk.co.kr	
물류관리	엄철용	홈페이지	www.dulnyouk.co.kr	
ISBN	978-89-7527-992-8(14520)			

이 도서의 국립중앙도서관 출판예정도서목록(CIP)은 서지정보유통지원시스템 홈페이지(http://seoji.nl.go.kr)와
국가자료공동목록시스템(http://www.nl.go.kr/kolisnet)에서 이용하실 수 있습니다.

값은 뒤표지에 있습니다. 잘못된 책은 구입하신 곳에서 바꿔드립니다.

게릴라 가드닝

리처드 레이놀즈 지음 | 여상훈 옮김

우리는 총대신 꽃을 들고 싸운다

들녘

한국의 독자들에게

한국어판이 출판됨으로써 이제 이 책은 네 가지 언어로 세상에 나와 있다. 내가 사는 런던에서 이토록 멀리 떨어진 곳에서도 이 책이 읽힌다는 사실은, 2004년 처음 게릴라 가든을 만들고 웹사이트 GuerrillaGardening.org를 열어 씨앗을 뿌린 아이디어가 그 사이 얼마나 큰 나무로 자랐는지를 보여주는 증거다. 소유의 경계를 따지지 말고 꽃과 나무를 심자는 제안이 비옥한 마음들에 떨어졌고, 그 결과 게릴라 가드닝이라는 나무가 무성한 가지를 뻗으며 자란 것이다. 나는 눈 덮인 북미의 도시에서 햇빛 비치는 열대의 섬에 이르도록 강연 여행을 하면서 게릴라 가드닝의 메시지를 전파하고 진지하게 귀를 기울이는 청중에게 이 활동의 영감과 조언을 전해왔다. 강연 여행을 다니는 중에도 게릴라 가드닝은 멈추지 않는다. 모스크바의 크렘린궁 바깥 풀밭에는 붉은 튤립을 심고, 어스 보츠와나(Earth Botswana)씨를 도와 보츠와나의 수도 가보로네 길가에 피버 트리(말라리아에 효험이 있다고 여겨지던 나무)를 심었다. 나의 웹페이지에 이름을 올린 사람은 이제 7만 명을 넘어섰고, 5년 전부터 해마다 5월 1일이 되면 북반구 전역에서 수많은 사람들이 '세계 게릴라 가드닝의 날'을 기념해서 동네 곳곳에 골든 비컨을 심는다. 세계 곳곳에서 게릴라 가드닝 활동을 알리는 웹사이트와 미디어 기사가 급격히 늘어나고 있다. 전에는 정원에 무관심했던 사람들이 게릴라 가드닝의 재미와 도전과 표현 가능성에 끌려 정원 일을 시작한다. 요즘 뉴욕과 로마에서 벌어지고 있는 '반(反)월가 시위'에서도 게릴라 가드닝은 시위 수단으로 등장했다. 다양한 장소에서 다양한 방법으로 꽃밭혁명이 일어나고 있는 것이다. 게릴라 가드닝은 열성적인 꽃밭 애호가들에게 책임이라는 문제를 다시 생각할 기회를 준다. 자신의 기술로 내버려진 공공용지를 정성들여 푸르게 바꿈으로써 지역사회에 활기를 불어넣고 이웃들이 함께할 수 있는 공간을 만들 기회가 우리 앞에 있다. 언젠가는 게릴라 가드닝에 대한 나의 지식을 한국의 독자들과 나누는 기회가 오기를 바란다. 내가 운영하는 웹사이트를 보면 한국에서도 게릴라 가드닝이 벌어지고 있다고 짐작하게 되는 부분이 있다. 이 책이 한국의 독자들에게 게릴라 가드너로 나서는 자극제가 되기를 바란다. 그리고 나에게는 한국에서 일어나는 게릴라 가드닝 활동을 접하고 경험을 나누는 계기가 되면 좋겠다. 나를 도와 우리 지역에서 게릴라 가든을 만든 열성적이고 헌신적인 게릴라 가드너들 가운데는 한국인도 있다. 서니 리(Sunny Lee)를 보면서 나는 한국이 머지않아 게릴라 가드닝의 요람이 되리라고 확신한다.

2012년 1월 런던 엘리펀트 앤드 캐슬에서
리처드 레이놀즈

USA
Berkeley, CA
Carmel Valley, CA
Los Angeles, CA
San Diego, CA
San Francisco, CA
Santa Barbara, CA
Santa Cruz, CA
Miami, FL
Chicago, IL
Boston, MA
Detroit, MI
Brooklyn, NY

Bushwick, NY
Delaware County, NY
East New York, NY
New York City, NY
Mansfield, OH
Eugene, OR
Portland, OR
Franklin, PA
Warren, PA
Houston, TX
Richmond, VA

CANADA
Albertam Canada
Montreal, Canada
Toronto, Canada
Vancouver, Canada

LATIN AMERICA
Buenos Aires, Argentina
Jardim São Carlos, Brazil
Santa Antônio, Brazil
Parana, Brazil
Tacamiche, Honduras
Tila, Mexico

EUROPE
Vienna, Austria
Brussels, Belgium
Copenhagen, Denmark
Paris, France
Berlin, Germany
Tübingen, Germany
Budapest, Hungary
Debrecen, Hungary
Miskolc, Hungary
Nyiregyhaza, Hungary
Dublin, Ireland
Milan, Italy

GUERRILLA GARDENING HOT SPOTS OF THE WORLD

Amsterdam, Netherlands
Rotterdam, Netherlands
Granada, Spain
Zurich, Switzerland

UK
Reading, Berks.
High Wycombe, Bucks.
Falmouth, Cornwall
East Portlemouth, Devon
Otterton, Devon
Plymouth, Devon
Torre, Devon

Pentyrch, Glamorgan
Bournemouth, Hants.
Minley Wood, Hants.
Eccles, Lancs.
Standish, Lancs.
Lubenham, Leics.
London
Wellingborough, Northants.
Marsden, Oxon.
Crewkerne, Som.
Cobham, Surrey
Woking, Surrey

Singleton, Sussex
Urchfont, Wilts.
Huby, Yorks.
Malton, Yorks.

REST OF WORLD
Brisbane, Australia
Sydney, Australia
Guantanamo Bay, Cuba
Mumbai, India
Tokyo, Japan
Nairobi, Kenya
Tripoli, Libya

Bougainville, Papua New Guinea
Singapore, Republic of Singapore
Johannesburg, South Africa
Kagoma, Uganda
Walukumba, Uganda

들어가는 말

내가 원하는 곳에 꽃밭을!

내가 게릴라 가드너가 된 것은 5년 전의 일이다. 세상 어디서든 원하는 곳에 꽃밭을 만들고 가꾸기 위해 나는 자리를 털고 일어났다. 우리를 둘러싼 형편없는 공용 화단을 바꿔놓겠다는 사명을 자신에게 부여한 것이다.

그때까지 나는 싫든 좋든 법을 준수하는 시민으로 살았다. 얼마 전에는 남부 런던의 황량한 동네에 있는 고층 아파트로 집을 옮겼다. 이 동네는 수많은 지하보도와 천박하게 번쩍거리는 쇼핑센터와 영국에서 가장 번잡한 자동차도로가 있는 곳으로 악명이 높다. 사람을 범죄자가 되도록 내모는 그런 환경이다. 그래서 나도 허가 없이 공유지에 꽃밭을 꾸미고 이를 방해하는 것이면 뭐든 맞서 싸우는 범죄를 저지르게 되었다.

불법이 아닌 곳이라고 해도 꽃밭 하나를 가꾸기란 전쟁 같은 일이다. 나무 한 그루를 잘 키워내기 위해서 다른 나무 한 그루를 잘라내야 하는 그런 전쟁이다. 씨를 뿌리기는 하지만 어떤 건 잡초라고 뽑아버리고 또 어떤 꽃과 열매는 씨를 퍼뜨리기 전에 죽이기도 한다. 우리가 가꾸는 꽃밭은 이렇게 야만적인 파괴가 횡행하는 무대가 된다. 짐승들한테 뿌리를 뽑히고 서리를 맞아 얼어붙고 바람에 넘어지고 빗물에 휩쓸려 내려가는 곳이다. 게릴라 가드너는 누구나 자연에 맞서 그렇게 끊임없이 싸운다. 게다가 우리는 적도 많고 야망 또한 크다.

이 안내서는 나와 전 세계 게릴라 가드너의 경험을 모은 것이다. 극단적이든 온건하든, 현장에서 뛰든 물러난 상태든, 성과가 있든 없든, 내가 아는 모든 게릴라 가드너들이 이 책에 등장하는 내용을 꾸민 이들이다. 그에 더해서 나는 '전통적인' 게릴라들이 남긴 기록물에서 도움을 얻기도 했다. 전통적인 게릴라들이 내놓는 전략과 전술의 분석은 오늘날 우리가 치르는 전쟁에도 여전히 적용할 수 있다. 꽃밭을 둘러싼 논쟁과 의견 표명은 얼마든지 가능하다. 게릴라 가드닝을 제대로 하려면 알아야 할 게 많다. 주눅 들지 말고, 읽어보시라.

2009년 1월 엘리펀트 & 캐슬에서
리처드 레이놀즈

차례

한국의 독자들에게 / 4
들어가는 말_ 내가 원하는 곳에 꽃밭을! / 8

PART 1 게릴라 가드닝 운동

1. 게릴라 가드닝이란 뭘까? / 16
작은 전쟁을 시작하다 | '게릴라'라는 말의 뜻 | 혁명의 씨앗을 뿌려라
백만 가지 게릴라 가드닝 | 고릴라가 아닙니다!

2. 우리가 싸우는 이유 / 34
아름답게 꾸미는 일을 선택하다 | 내가 먹을 것은 내가 기른다
공동체를 위한 꽃밭! | 아름다운 환경에 건강은 보너스
땅값이 오르니 후원자가 생기다 | 식물을 통해 타인과 소통하기

3. 우리는 무엇과 싸우는가? / 74
땅은 언제나 모자란다 | 방치된 땅의 역사
게릴라 가드너를 유혹하는 그 밖의 장소들 | 게릴라전을 벤치마킹하라

4. 게릴라 가드닝의 역사 / 116
공유지 경작을 허하라_영국 서리 세인트조지스힐(1649)
사과나무 게릴라_미국 펜실베이니아, 오하이오(1801)
공원을 되찾자_미국 캘리포니아 버클리(1969)

게릴라 가드닝의 탄생_뉴욕 바워리 휴스턴(1973)
바나나 리퍼블릭_온두라스 타카미체(1995)
저항은 번식한다_런던 웨스트민스터(2000)
싸움은 진행 중_런던 엘리펀트 & 캐슬(2004)

PART 2
게릴라를 위한 활동 가이드

5. 게릴라 가드너의 무기고엔 무엇이 있을까? / 146

프로그램 언어:DNA, 특성:생명력_식물 | 최고의 무기_씨앗 폭탄
미래를 보장하는 첨단 무기_가드닝 도구 | 화학무기 대용품
게릴라 가드너의 전투복 | 조명은 헤드램프로
통신하라, 오버! | 물이 생명이다 | 운반 수단들

6. 전장에서 살아남기 / 195

금지된 장소는 없다 | 게릴라 대원에겐 경력을 묻지 않는다
작전 시간 | 흙을 알아야 꽃밭이 산다
쓰레기터에서 건진 보물들 | 병충해는 누구일까?
게릴라를 위로하는 것들

7. 선전의 열매는 공감이다 / 232
대화는 최상의 홍보다 | 전단지와 팸플릿을 현명하게 만드는 법
표지판은 광고판이다 | 행사와 연대하라
홍보효과 뛰어난 경쟁 혹은 경연 | 미디어는 멀고도 가깝다
녹색 희망을 판매하라

8. 게릴라 가드닝, 승자만 있는 전쟁 / 267
작은 승리 | 어떻게 합법화를 얻어낼까?
영감을 전파하는 게릴라 가드닝 | 거주민과 타협하라
꽃밭은 진화한다

맺는 말_ 건강한 지구를 위한 한 걸음! / 304
이 책에 나온 꽃·나무·작물들과 게릴라 가드너들의 활동 더 보기 / 306

일러두기

- 인물의 익명성을 보장하기 위해 이름 뒤에 번호를 달았다.
- 원서에 나오는 'garden'은 상황에 따라 꽃밭, 텃밭, 화단, 정원으로 풀었다. 우리나라의 꽃밭은 전통적으로 꽃과 작물이 같이 자라는 텃밭 정원의 개념이므로 이 책에서는 꽃밭을 가장 많이 사용했다. 다만 '게릴라'라는 말과 함께 쓰일 때는 '가든'도 허용했음을 밝힌다.
- 본문에 나오는 식물의 사진은 〈꽃·나무·작물들과 게릴라 가드너들의 활동 더 보기〉에 실었다.

PART 1
가드닝

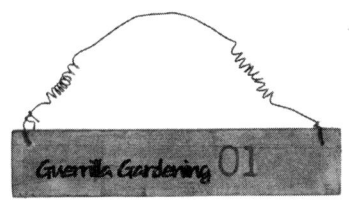

게릴라 가드닝이란 뭘까?

눈을 감고 아무 꽃밭이나 떠올려보자.
그리고 그곳에 발을 들여놓고, 이리저리 걸어 다녀보자.

그곳에서 우린 무엇을 보게 될까? 이곳저곳 무너져 내린 화단, 가지를 다듬은 나무, 덩굴로 만든 아치, 기분을 좋게 하는 꽃나무 담장, 채소를 심은 땅뙈기, 그런 것들인가? 아니면 질퍽질퍽한 풀밭이나 망가진 콘크리트 테라스처럼 전쟁터 같은 장면만 보일까? 어떤 모습을 상상하더라도 그건 여느 가정집에서 볼 수 있는 흔한 꽃밭일 것이다.

그것이 바로 사람들이 생각하는 그런 꽃밭이다. 주택에 딸린 것, 울타리 안에 들여놓은 바깥 경치, 무엇보다 주인이 즐기기 위해 꾸며놓은 사사로운 공간. 맘씨 좋은 주인이라면 사람들에게 잠시 즐기도록 허락하기도 하겠지만 결국은 주인에게 속한 주인만의 공간 말이다.

그 꽃밭에서 언덕을 하나 넘어가면 사람이 꾸민 공간이 또 하나 나타난다. 그건 수확을 위해 만든 꽃밭이나 농장이다. 그런 곳에서 주인은 빨간 장미(예를 들어 '슈퍼스타'라는 품종)가 아니라 딸기(*Fragaria ananassa*)를 재배하겠지만, 기본 구조는 달라지지 않는다. 집에 딸린 개인의 꽃밭이라는 사실이 바로 기본 구조다.

여러분 가운데 누군가는 아파트 앞 화단이나 푸른 잎이 무성한 공원을 상상할지도 모르겠다. 그런데 그런 꽃밭은 누구나 접근할 수 있는 공공장소라는 점에서 앞에서 예로 든 장소들과는 다르다. 그 장소의 주인(또는 관리를 책임지고 있는 사람)은 앵초(*primula polyanthus*) 화단을 만들거나 길을 따라 보리수를 심어서 누구나 즐길 수 있도록 한다. 하지만 누구나 즐길 수 있다고 해서 제약이 아주 없는 것은 아니다. 누구나 그곳을 둘러보고 꽃향기를 맡을 수는 있지만, "가져가는 건 사진만, 남겨두는 건 발자국만, 죽이는 건 시간만" 허락된다. 여러분이 마음대로 손질할 수 있는 장소가 아니기 때문이다.

상식적인 사실은 이렇다. 꽃밭을 가꾸고 싶다면 자기 '소유'의 꽃밭이 있어야 한다는 것이다. 아니면 다른 사람의 꽃밭을 가꾸도록 고용되거나 허락을 받는 수밖에 없다.

| 게릴라 가드너들이 런던 중심가에 심은 캘리포니아 양귀비와 라벤더

| (왼쪽 위부터 시계 방향으로) 체코, 영국 런던, 일본 도쿄, 싱가포르, 미국 뉴욕, 독일 베를린

그러나 꽃밭 가꾸기에 관해 좀 다른 생각을 가진 사람들이 있다. 나도 그런 사람이다. 원예가 가능해 보이는 장소가 있으면 나는 허락이 떨어질 때까지 기다리지 않고 바로 땅을 판다. 이미 만들어진 꽃밭을 손보기도 하지만 아무도 손대지 않은 장소를 꽃밭으로 바꾸어놓기도 한다. 나와 뜻이 같은 수많은 사람들은 자기 집이 아닌 곳에서 자기 소유가 아닌 꽃밭 후보지에 발을 들여놓는다. 둘레에는 그런 후보지가 널려 있다. 우리는 작은 공터를 도시의 오아시스로 바꾸고 길가를 화려한 꽃밭으로 꾸미며 아무것도 자랄 수 없다고 여겨지는 땅에서 곡식을 수확한다. 이런 식으로 누구나 향유할 수 있는 꽃밭을 만드는 것이 바로 게릴라 가드닝이다. 버려진 땅을 꽃밭으로 바꾸는 이런 '공격'은 장소를 가리지 않고 벌어진다. 그리고 그 규모도 혼자서 하는 은밀한 작업에서 정치적인 동기를 공유하며 조직된 큰 조직이 벌이는 대규모 캠페인에 이르도록 가지가지다. 게릴라 가드닝은 다음 한 문장으로 요약할 수 있다.

> 남의 땅을 불법으로
> 꽃밭으로 가꾸는 것

문제는 속도다. 사람들은 대부분 땅을 가지고 있지 않다. 도시에 사는 사람들 가운데 자기 꽃밭이 있는 경우는 드물다. 우리는 지구가 제공할 수 있는 것보다 더 많은 자원과 공간을 요구한다. 게릴라 가드닝은 자원을 위한 싸움이자 땅 부족과 환경 파괴와 기회의 낭비를 해결하려는 싸움이다. 그리고 표현의 자유와 공동체의 통합을 위한 싸움이기도 하다. 이 싸움에서는 거의 모든 경우 총알 대신 꽃이 무기가 된다.

작은 전쟁을 사적하다

게릴라는 '작은 전쟁'을 뜻하는 스페인 말이다. 대규모 정규군이 아니라 비정규 전사들이 산발적으로 벌이는 전쟁을 가리킨다. 역사에서 나타난 첫 번째 게릴라전은 기원전 516년 다리우스 왕이 이끄는 페르시아 군대의 침략에 맞선 스키타이 사람들의 싸움이었다. 스키타이 사람들은 넓은 들에서 하던 전투를 포기하고 페르시아 군대의 보급로 이곳저곳을 산발적으로 공격했다.

게릴라라는 말은 1808년 나폴레옹 보나파르트가 스페인을 침공했을 때 벌어진 군사적인 저항을 표현하면서 처음 등장했다. 스페인의 비정규군 집단들은 6년에 걸쳐 매복공격과 교란작전으로 프랑스 황제의 거대한 점령군을 괴롭혔다. 훈련을 받은 군인이 아니라 평범한 시민들이 침략자들로부터 조국을 지키기 위해 자랑스럽게 무기를 들었다. 그리고 스스로를 '게리예로스(guerrilleros)'라고 불렀다. 그리고 스페인과 같은 편에 섰던 영국인들이 그 말을 '게릴라'라고 옮겼다. 게리예로스는 남의 땅에서 농사를 짓는 일이 얼마나 심각한 일인지 잘 알고 있었다. 그리고 그런 자각을 무척 파괴적인 방법으로 표현했다. 스페인 땅에서 나는 곡식을 프랑스군이 수확하지 못하도록 해서 적군에게 심각한 타격을 주는 것이 그들의 방법이었다.

웰링턴 공작(Duke Wellington)이 워털루 전투에서 나폴레옹 군대를 물리친 덕도 있지만 게릴라들은 스페인이 독립하는 데 중요한 역할을 해냈다. 그리고 그들의 전술은 곧 다른 곳으로 퍼져나갔다. 1863년 러시아 제국의 침략에 저항한 폴란드인들의 싸움, 1860년대 미국의 남북전쟁, 제1차 세계대전 때 아라비아의 로렌스가 이끈 사막 전쟁 등이 게릴라 전술을 실천한 사례들이었다.

모택동과 체 게바라는 가장 유명한 게릴라였고 게릴라에 관한 책도 썼다. 『유격전』은 1937에 펴낸 모택동의 전술 지침서다. 이 지침서에서 모택동은 중국을 침공한 일본군에 대항하는 게릴라전 전술을 자세히 기술했다. 체 게바라는 쿠바의 바티스타 정권을 무너뜨린 뒤 1961년에 『게릴라전』을 썼다. 이 책에서 체 게바라는 게릴라전의 원칙, 구조, 전술을 정리했다. 1960년대 중반부터 체 게바라는 자신의 책을 지침으로 삼아 아프리카와 라틴 아메리카 여러 나라에 마르크스주의 혁명을 위한 게릴라전 전술을 퍼뜨렸다.

이 게릴라들은 자신들의 싸움이 단순히 자기 나라에서 적군을 몰아내는 것을 뜻한다고 생각하지 않았다. 그 싸움은 사회를 바꾸는 일을 의미했다. 그들은 모두 개인적인 동기가 있었다. 정규군에 속한 군인들은 정치적인 고민 따위는 버리고 오로지 사령관의 명령에 포함되어 있는 동기를 믿고 따르기만 하라고 훈련받는다. 하지만 게릴라들은 한 사람 한 사람이 자기만의 작은 전쟁을

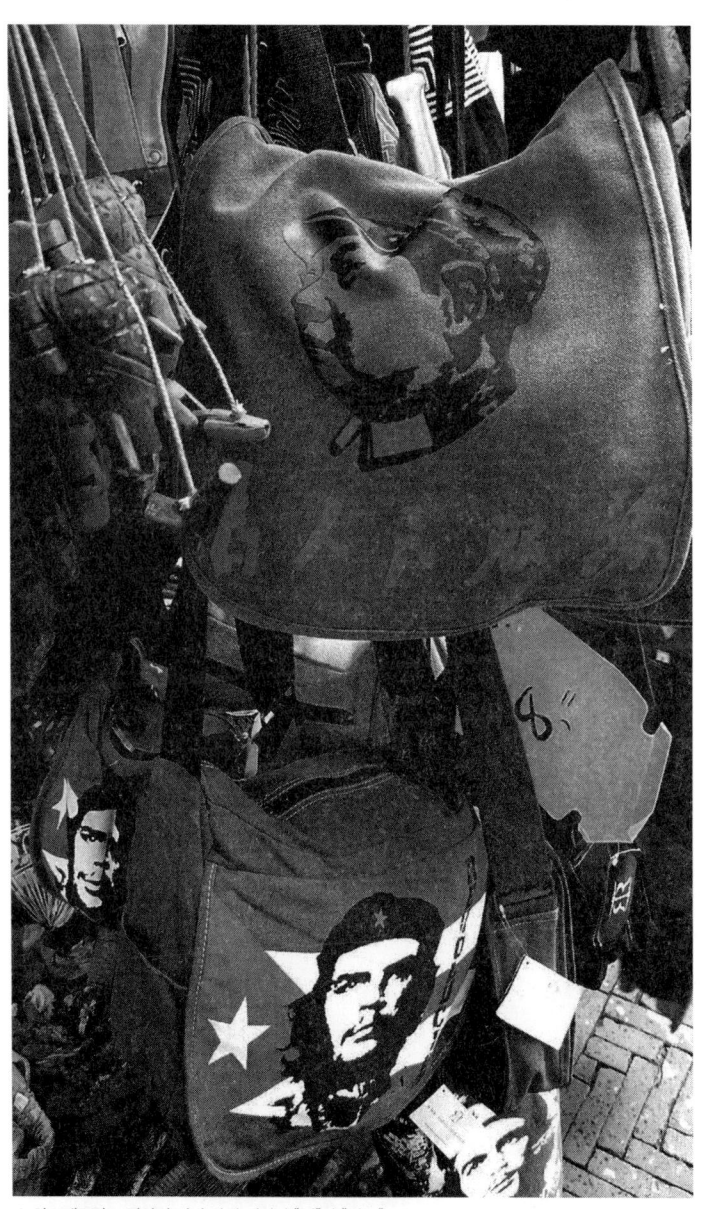
| 암스테르담 노점상의 인기 만점 게릴라 "체"와 "마오"

치른다. 게릴라들은 사령관이면서 동시에 사병이다. 게릴라 전술이 효율적인 것은 바로 혼자서 모든 걸 다 해내야 한다는 사실에서 비롯된다. 거추장스러운 관료주의와 명령체계에서 벗어난 게릴라 전사는 지시에 얽매이거나 조직에 갇히지 않은 채 오로지 자신의 대의명분에만 집중할 수 있다.

이렇게 전쟁터의 게릴라와 마찬가지로 게릴라 가드너에게도 싸움의 판이 커지는 것은 불필요하고 비효율적인 일이다. 싸움에서는—꽃과 나무를 둘러싼 싸움이라면 더구나—정말이지 "작은 것이 아름답다."

'게릴라'라는 말의 뜻

모택동과 체 게바라의 저술과 투쟁은 자본주의와 제국주의에 맞서 싸우기 위해 무기를 들거나 살육과 테러에 동조하는 사람들과는 전혀 다른 이미지를 퍼뜨렸다. 1970년대 초 뉴욕에 사는 몇 사람이 이스트빌리지(East Village)의 버려진 자투리땅에 불법적으로 꽃밭을 꾸미는 일을 두고 게릴라라는 말을 썼다. 그들은 스스로를 '그린 게릴라'라고 불렀다.

그들은 게릴라라는 용어가 자신들의 운동에 흥미진진한 저항운동이라는 느낌을 더해줄 것임을 잘 알고 있었다. 본격적으로 꽃밭을 꾸미기 시작하기 6년 전인 1967년, 세계에서 가장 유명한 게릴라가 처형되었다. 그리고 그는 평등한 사회를 위한 순교자가 되어 연예인 못지않은 인기를 누렸다. 그때부터 지금까지 체 게바라는 기존의 권위에 도전장을 던지는 사람들에게 용기와 영감을 불어넣는 대상이다. 알베르토 코르다의 전설적인 사진 덕분에 널리 알려진 그의 얼굴은 오늘날 수많은 티셔츠에 인쇄되어 점잖게 우리를 응시한다. 그의 얼굴은 게릴라에 관한 낭만적인 이상형을 보여준다. 자신만만하고 꿰뚫어 보는 듯한 눈은 먼 곳을 응시한다. 입술은 굳게 다물어 열정적인 느낌을 주고 콧구멍은 나팔 모양으로 벌어졌다. 거칠고 빗질한 흔적이라고는 없는 머리는 깔끔한 베레모 덕분에 한결 부드러워 보인다. 체 게바라의 얼굴이 새겨진 티셔츠를 입는 사람들은 체 게바라의 목표와 정치적 신념은 잊은 채 막연한 영웅숭배에 빠져 있을 따름이다.

피로 얼룩진 전력에도 아랑곳없이 체 게바라는 사랑스러운 게릴라, 시장성 있는 상품이 되었다. 많은 사람들이 체 게바라를 선호하고(심지어 영국 성공회와 〈파이낸셜 타임스〉 지도 그를 광고에 사용했다) 게릴라 식당, 게릴라 골프, 게릴라 뜨개질, 게릴라 홈쇼핑처럼 온갖 업계가 게릴라라는 낱말을 광고에 사용했다. 물론 이런 이름들 뒤에 있는 실물에는 혁명이나 용기, 영웅적인 행동 따윈 찾아볼 수 없다. 이제 게릴라는 온갖 돈벌이에 갖다 붙이는 상표가 되었고, 결국 원래의 의미를 완전히 잃어버리고 말았다. 결국 좀 참신하거나 놀라운 것을 가리키는 낱말로 쓰이게 되었다.

그러나 게릴라 가드닝은 요즘 여기저기 가져다 붙이는 게릴라라는 말과는 맥락이 다르다. 먼저 게릴라 가드닝은 종래의 고정관념을 깨뜨릴 뿐 아니라 규칙도 깨뜨린다. 우리의 적은 '정상적'인 것들 뿐 아니라 그보다 훨씬 고약한 무엇이다. 스페인의 게리예로스가 그랬던 것처럼 게릴라 가드너들은 적들이 차지한 땅을 되찾으려고 싸운다. 그래서 제국의 군대와 싸우지는 않지만 우리는 때때로 수많은 작은 나폴레옹들을 상대한다는 생각을 하게 된다.

혁명의 씨앗을 뿌려라

1975년에 발표되어 호평을 받은 비디아다르 네이폴(V. S. Naipaul)의 소설 『게릴라』에는 바하마에 있는 지미 아메드(Jimmy Ahmed)라는 게릴라 전사의 꽃밭을 묘사한 대목이 나온다. 그 대목은 게릴라 가든에 관해서는 내가 아는 한 가장 정밀한 묘사지만, 그 장소 자체는 무척 황폐하고 비생산적이라는 인상을 준다. "이랑들은 반짝이는 푸른 잡초로 가득했다. 북돋운 둔덕들 가운데 한둘은 식물을 대충 심어서 실패한 듯 보였는데, 그 둔덕들은 말라빠진 뼈처럼 옅은 갈색을 띠고 있었다." 그 꽃밭은 결국 지미의 영국인 여주인 제인(Jane)의 무덤이 되고, 그의 바하마 혁명은 실패하고 만다.

무심하고 무능한 정원사로 그려진 이 게릴라 전사의 초상은 실제로 원예에 관심이 많았던 진짜 게릴라 전사들의 모습과는 영판 다르다. 체 게바라가 쿠바에서 게릴라전에 뛰어들게 된 동기는 땅을 사용할 권리였다. "거대한 농장의 담장을 무너뜨리는 것은 트랙터이며 동시에 탱크다……그리고 토지 소유권을 둘러싼 사회적 관계를 새롭게 만드는 것도 그것이다." 20세기 초 멕시코의 게릴라 지도자 에밀리아노 사파타(Emiliano Zapata)가 농토의 균등한

| 농부들의 목화 수확을 돕는 마오

배분을 위해 싸우려고 세력을 규합할 때 내세운 슬로건도 '땅과 자유'였다.

　게릴라전을 위한 지침서들은 농사를 연상케 하는 비유로 가득하다. 체 게바라는 혁명과 선동의 '씨앗을 뿌리고 파괴의 열매를 수확'한다고 썼다. 전투의 본론으로 들어가서 그는 "땅을 밟고 선 집단이 그 땅의 소출을 가져야 한다"고 했다. 하지만 게릴라 전사가 직접 농사를 짓기보다는 그 지역에 사는 농민들에게 곡식을 심도록 하는 편이 낫다고 하면서, "그렇게 하면 농민들의 열정과 기술이 농사의 효과를 한층 높이게 된다"라고 인정했다. 체 게바라와 마찬가지로 모택동도 자신이 실제로 경험했던 것보다 훨씬 더 많은 농사 이야기를 했다. 그는 게릴라전 지침서에서 "농부와 전사는 근본적으로 다르지 않다"고 했지만, 20년 뒤에는 소작농에 대한 이전의 존중을 까맣게 잊어버리고 그들을 집단농장에 몰아넣음으로써 1959년에서 61년 사이에 벌어진 참혹한 기아 사태를 불러일으켰다. 급기야 1956에 발표한 '백 송이 꽃을 피우자'라는 선언에서 모택동은 농사 이야기는 전혀 언급하지 않았다.

　근래 어느 게릴라 전사는 생태론적 동기가 있는 꽃밭 이야기가 승리를 가져올 수 있음을 보여주었다. 태평양 부겐빌(Bougainville) 섬의 프란시스 오나(Francis Ona)는 자신을 '생태적 혁명가'로 규정한다. 그는 리오틴토(Rio Tinto)사(社)의 판구나(Panguna) 구리광산이 저지른 경제적 착취와 환경 파괴에 저항해서 싸웠다. 1988년에 그가 벌인 첫 작전은 광산 하나를 날려버리는 폭력적인 것이었지만, 그와 부겐빌 혁명군은 그 뒤 벌어진 유혈 내전과 10여 년에 걸친 봉쇄를 밭을 일구어가며 이겨냈다. 그들은 식량과 연료를 재배했는데 특히 코코넛(cocos nucifera) 재배의 달인들이었다. 코코넛을 자동차와 발전기 연료로 쓰고 카레에 섞어 먹기도 했다.

백만 가지 게릴라 가드닝

게릴라 가드닝은 살아 있는 생물을 닮았다는 점에서 일종의 유기체 운동이다. 해로운 식물이 그렇듯 게릴라 가드닝은 어느 사회의 환경이 게릴라 가드닝에 유리하도록 만들어지면 급격하게 발생하곤 했다. 한 이랑에 심어진 씨앗들이 다른 이랑으로 옮겨 가 꽃을 피우듯이 게릴라 가든은 처음에 생길 때 그 지역의 조건에 따라 모양이 갖추어진다. 그리고 시간이 지나면 마치 어느 속 안에서 새로운 종이 생기듯 새로운 성격을 가지게 된다.

그런 유기체적인 변화가 눈에 띄지 않는 것은 게릴라 가드닝의 모습이 대단히 다양하기 때문일 것이다. 내가 보기에 그것은 샐비어(Salvia)라는 속의 식물과 닮았다. 샐비어 속에는 900개의 종이 있다. 어떤 종은 바위투성이 비탈에 자라고 또 어떤 종은 축축한 초원에서 자란다. 어떤 종은 화려한 꽃을 피우고 어떤 종의 꽃은 연한 녹색 안에 숨어 우리의 눈길을 피한다. 어떤 종은 한해살이 풀이지만 다른 종은 여러해살이 떨기나무로 자란다. 마찬가지로 게릴라 가드닝도 이 지구상 모든 곳에서 엄청나게 다양한 모습으로 이루어지고 있다.

샐비어가 그렇듯이 게릴라 가드닝도 원예라는 분야의 변방에 머문다. 그 대신 좀 더 사람들의 시선을 끄는 형태의 게릴라 가드닝이 원예의 중앙 무대를 차지한다. 장미를 심지 않아도 우리는 늘 장미를 만난다. 다른 사람으로부터 받기도 하고 상의에 꽂기도 하며 화병에 꽂기도 한다. 하지만 샐비어는 그렇지 않다. 이 종이 꽃밭이나 일반 사회에서 어떤 자리를 차지하는지는 그다지 확실하지 않다. 오로지 강렬한 빨강의 스칼렛 킹(*Salvia splendens*)이나 감미로운 커먼 세이지(*Salvia officinalis*) 같은 몇몇 종류만 우리의 시선을 끄는 정도다. 2000년대 들어 게릴라 가드닝도 좀 특별한 방식을 택한 경우에 더 잘 알려지는 경향이 있다. 예를 들어 차도 양쪽에 나무를 심거나 가지를 손질해서 조각상처럼 다듬거나 버려진 땅에 공동체 꽃밭을 만드는 것 등이 그렇다. 게릴라 가든에서 별로 눈에 띄지 않는 종들, 예를 들어 어느 상상력 넘치는 자전거 애호가가 가로수 길에 심은 흰 수선화(*Narcissus*), 버려진 화단을 다시 살려놓은 모습, 모퉁이에 심은 옥수수 등은 사람들의 관심을 받지 못했다. 그렇다고 그런 것들이 중요하지 않은 것은 아니다. 숨은 듯 조용하고 얌전한 게릴라들을 무시해서는 안 된다. 그런 사람들이 만드는 꽃밭도 다른 것들 못지않게 인상적일 수 있고 어쩌면 더 지속가능한 것일 수도 있다.

그리고 허가를 받고 꽃밭을 만드는 것을 게릴라 가드닝이라고 부르는 사람들에게 현혹되지 말아야 한다. 자기 땅이 아닌 곳에 불법적인 꽃밭을 가꾸는 것이 아닌데도 게릴라 가드닝이라고 부른다면 그것은 순수한 게릴라 가드닝을 얕보는 셈이 된다. 내가 보기에 게릴라 가드닝이라는 말을 가장 뻔뻔스럽게 사용한 경우

| 영국 데본, 이스트 포틀머스에서 자라는 튤립

는 2007년 런던 시장이 트래펄가 광장에 요크셔종 잔디를 심을 때였다. 시장은 도시를 녹화한다고 했지만 정말 맥락도 없이 돈만 많이 들어간 데다 생태적인 효과도 의심스럽기 짝이 없는 제스처에 지나지 않았다. 그런데도 행사가 단지 밤에 치러졌다는 이유로 '게릴라 가드닝'이라는 표현을 썼던 것이다.

허가 없이 꽃과 나무를 심는 것을 너무나 당당하고 단순한 일로 여기는 사람들이 있다. 그런 사람들은 자신이 하는 행동을 저항적이라고 생각하거나 자신이 전 세계적인 운동에 동참한다는 사실을 의식하지도 않는다. 우리는 그런 사람들의 사고방식에서 용기를 얻는다. 우리는 훌륭한 식물학자의 자세를 본받아 게릴라 가드닝에도 수많은 갈래가 있음을 인정해야 한다. 그리고 다양한 형태의 게릴라 가드닝에 갈채를 보내고 지켜주어야 한다.

고릴라가 아닙니다

이 장 서두에서 '게릴라 가든'으로 초대한다고 했을 때 여러분이 무엇을 상상했는지 모르겠다. 어떤 독자는 풀이 우거진 숲에 영장류와 동물 모양 털옷을 뒤집어쓴 장난꾸러기들이 가득한 모습을 그렸을 것이다. 이제 그런 상상이 전혀 엉뚱했음을 알게 되었을 것이다. 영어권에서 활동하는 게릴라 가드너들은 '게릴라'와 '고릴라'라는 두 낱말의 발음이 비슷하다는 사실 때문에 자신들의 활동을 설명할 때 곤란을 겪기도 한다. 우리가 하는 활동을 잘 모르는 사람들은 가드닝이라는 말에 고릴라가 아니라 게릴라를 붙여야 할 이유를 이해하지 못한다. 세계적으로 이름을 날렸던 2006년 첼시 꽃박람회 현장에 런던동물원이 '고릴라 가든'을 설치했지만, 게릴라와 고릴라의 혼동을 해결하는 데는 별다른 도움이 되지 않았다. 어떤 게릴라 가드너들은 그런 혼동을 재미있게 받아들인다. 그들은 꽃을 한 아름 안고 이를 드러내며 웃고 있는 고릴라 그림을 자기네 그룹을 표시하는 배지에 넣었다. 이제 그런 건 좀 그만 두었으면 한다. 더 이상 고릴라라는 말을 우리 일에 끌어들이지 않기를 바란다.

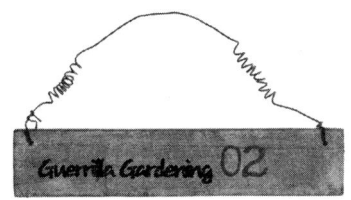

우리가 싸우는 이유

제1차 세계대전이 끝날 무렵 군수장관이던 윈스턴 처칠은 군인이자 시인으로 전쟁 반대를 선언했던 시그프리드 서순(Siegfried Sassoon)에게 이렇게 말했다. "전쟁은 남자에게는 지극히 정상적인 일이오." 그 말에 놀란 서순은 처칠에게 정말 그렇게 확신하는지 물었다. 그러자 처칠은 자신의 말을 수정했다. "전쟁과 꽃밭 일이 그렇단 말이오." 나는 처칠의 말에 공감한다. 물론 전쟁보다야 꽃밭 가꾸는 일이 훨씬 자연스러운 일이지만. 전쟁과 꽃밭 일, 이 둘은 어쩐지 서로 닮은 구석이 있다. 어느 경우에나 우리는 통제하기 어려운 상대와 싸우게 되고, 주변의 모습을 바꿔놓고, 그러다 보면 스스로 흙투성이가 되고 만다. 그리고 승자와 패자로 나뉜

| 이 책의 저자인 리처드 레이놀즈가 런던 교외에 만든 해바라기 정글

다는 것도 같다. 전쟁과 꽃밭 일은 창조와 파괴라는 성격을 동시에 가지고 있다. 화초와 권력은 하나를 얻으면 다른 하나를 버려야 하는 관계가 아니다. 싸움과 꽃밭 가꾸기는 인간이 시간이 남으면 하는 무척 자연스러운 일이다. 그래서 그 둘을 연결하는 데는 크게 손이 가지 않는다.

게릴라 가드닝은 자연스러운 본능에서 나오는 행동이다. 그래서 그 모양새도 무척 다양하다. 우리는 장애물을 이겨가며 땅을 가꾼다는 점에서 하나가 된다. 하지만 그 목적이나 결과에서는 전혀 하나가 되지 않는다. 모든 게릴라 가드닝 전사들이 기꺼이 받아들일 선언문이란 없으며 그런 게 있어야 하는 것도 아니다. 총을 든 게릴라 전사들처럼 각자는 자기가 살고 있는 환경에서 얻은 자신만의 동기가 있다.

게릴라 가드닝을 하는 사람은 공간을 아름답게 꾸미고 싶어 하는 사람과 곡식을 심으려고 하는 사람, 두 종류로 나뉜다. 독일어 낱말에서는 그 차이가 분명하게 드러난다. 치어가르텐(Ziergarten, 조경정원)과 누츠가르텐(Nutzgarten, 수익정원)이라는 구분이 그렇다. 게릴라 가드닝 참여자들은 대부분 공동체에서 자신의 역할이 공익을 위한 것인지 아니면 사사로운 취미가 중심이고 공익은 그에 따라오는 2차 효과에 지나지 않는 것인지 잘 안다. 게릴라 가드닝은 참여자가 원하든 원하지 않든 많은 사람에게 영향을 끼치고, 참여자의 이상이나 특별한 메시지를 전하는 강력한 소통 수단이 된다. 공적인 공간에서 활동하는 게릴라 가드닝 참여자들은 사람들에게 말을 걸고 그들을 끌어들이는 행동을 하는 것이다.

아름답게 꾸미는 일을 선택하다

꽃과 나무가 얼마나 아름다운지는 말할 필요도 없다. 나가서 눈으로 보고 향기를 맡고 귀를 기울이거나 말을 걸어보면 금세 알 일이다. 꽃과 나무는 정원사의 물감이다. 정원사는 그 물감으로 화폭의 한계를 넘어 어디라도 그림을 그린다. 우리는 물감을 쏟아 부은 뒤 온통 색과 모양을 그려 넣을 기회를 찾고 주변 경관에 제목을 달고 거리에서 전시회를 여는 사람들, 말하자면 정원 세계의 그라피티 예술가들이다. 자기 집을 멀리 벗어난 남의 땅, 아무것도 확실한 게 없는 그런 땅에서 식물이, 그것도 그전에는 눈길도 주지 않았던 식물이 자라는 모습은 울타리가 쳐진 곳에서 자라는 것보다 우리의 눈과 코를 더 즐겁게 해준다. 중국 격언도 같은 말을 한다. "역경 속에서 피어나는 꽃이야말로 희귀하고도 아름다운 법이다."

화단 아름답게 만들기

손길이 닿지 않은 화단이라도 얼마든지 아름답게 만들 수 있다. 나는 지금 사는 고층 아파트 주변의 화단을 되살리는 것부터 시작해서 차차 런던의 버려진 랜드마크들을 손보는 일로 넘어갔다. 서더크(Southwark) 지역의 세인트 조지 서커스(St George's Circus)에 있는 3백 년 된 석회암 오벨리스크의 그늘 한가운데에는 털북숭이 캐비지트리(Cordyline australis) 두 그루가 자라는 버려진 땅이 덩어리진 흙과 쓰레기에 덮여 있었다. 지난 4년 동안 나는 친구들의 도움을 얻어 그곳을 풍성한 허브가든과 떨기나무 숲으로 바꾸어놓았다. 이 랑의 양쪽 끝에 잎이 뾰족뾰족한 뉴질랜드 플랙스(*Phormium* 'firebird') 가 자라는 이곳에는 작은 진달래(*Azalea* 'Johanna'), 갯개미취(*Aster novi-belgii*), 여러 가지 헤더(*Calluna vulgaris*), 돈나무(*Pittosporum tenuifolium* 'Silver Queen'), 라벤더(*Lavandula angustifolia*), 튤립(*Tulipa* 'Isle de France')과 크리스마스트리로 알려진 독일가문비나무(*Picea abies*)가 자리 잡고 있다.

라이언(Ryan) 190은 싱가포르에서 자신이 다니는 학교의 황폐한 화단을 공격했다. 처음에는 빅토리아 초급대학의 원예동아리 회원들과 화단을 나누었는데 그곳에서 화단을 가꾸기란 따분하고 보람이랄 게 없었다. 2005년 3월 그는 학교 앞에 있는 삼각형 모양의 작은 둔덕이 빈약한 부겐빌레아(*Bougainvillea* spp.) 넝쿨에 덮여 있는 모습을 보고 그곳이 더 흥미진진하겠다는 생각이 들었다. 라이언은 원예클럽 모임이 끝나면 그곳에 매달렸다. 잡초를 없애고 다른 나무에서 꺾어온 가지와 잎이 풍성한 레드 칼라디움(*Caladium hortulanum*)을 구석구석 심었다. 물이 빠지지 않고 해가 직접 내리쪼이는 곳이라서 심은 게 전부 살지는 않았지만, 1년 동안 조금씩 식물들을 늘려가자 꽃밭은 풍성해졌다. 그렇게 1년이 지나자 그가 마음먹었던 꽃밭이 만들어졌고 공식적으로 인정을 받기에 이르렀다.

샘(Sam) 2798은 미국 시카고의 위커 공원(Wicker Park)에서 아내와 함께 조깅을 하다가 회복기 환자 요양소 앞에서 버려진 식물재배 용기를 발견했다. 그는 곧 몇몇 친구를 불러 모았다. 그리고 2006년 8월 28일 일행은 마침내 헤드램프를 쓰고 공격을 감행했다. 그들은 측백나무의 일종인 주니퍼베리(*Juniperus communis*) 무더기와 얼룩무늬가 있는 나래새풀(*Calamagrostis acutiflora*) 그리고 양지꽃속 식물인 포텐틸라(*Potentilla nitida*)를 심었다. 또 그들은 얇은 표토를 새 흙 70kg으로 바꾸고, 동네 수목 가게에서 기증받은 갖가지 다년생 식물을 심었다. 그 식물들은 나중에 회복기 환자 요양소 사람들을 즐겁게 했다.

빈 공간을 가꾸라

게릴라 가드너들은 아무리 단조로운 색깔밖에 없던 곳이라도 다양한 색을 만들어내고 다른 사람들이 따분한 불모지라고 여기는 곳에서도 가능성을 찾아낸다. 황량한 땅뙈기, 지루한 느낌을 주는 거리, 풀 한포기 없는 주변과 버려진 틈새, 이 모든 장소가 꽃밭이 될 가능성이 있는 것이다.

안젤라(Angela) 2585와 그녀의 친구들은 이탈리아 밀라노의 비알레 움브리아(Viale Umbria) 거리의 자투리땅을 공격 목표로 정했다. 그전에 누군가가 심은 나무 한 그루가 잡초와 쓰레기 더미 가운데 외롭게 자리를 지키고 있었다. 안젤라는 나무 둘레에 화단을 만들고 라벤더(*Lavandula angustifolia*)와 회양목(*Buxus sempervirens*)을 심고 고산지 꽃씨를 뿌려 그곳을 완전히 바꾸어놓았다.

미국 샌디에이고(San Diego)에 사는 애바(Ava) 949는 6km에 이르는 임페리얼(Imperial) 가(街)(이름처럼 그렇게 위풍당당한 거리는 아니다)에서 차를 타고 달리면서 창밖으로 씨앗이 담긴 발사체를 쏘아댔다. 뉴욕의 피터(Peter) 509는 휴스턴(Houston) 가의 중앙분리대 녹지에 수선화(*Narcissus* 'King Alfred')를 심어서 신호등을 기다리는 운전자들을 즐겁게 했다. 그 수선화 구근은 한스 반 바르덴부르크(Hans van Waardenburg)라는 네덜란드의 구근유통업자가 기증했다. 반 바르덴부르크는 9·11을 추모하는 뜻으로 해마다 구근 백만 개를 뉴욕시에 기증하는 장본인이기도 하다. 또한 피터는 허가를 받지 않고 휴스턴 가의 가로수 둘레에 식물재배용기를 설치했다. 쓰레기를 막는다며 나무마다 둘러친 장애물을 걷어내고 그 자리에 밝은 색 나무 용기를 설치한 것이다. 피터에게 그 나무상자들은 아무것도 심지 않은 상태에서도 이미 공공예술이었다. 그래서 그는 파란 하늘과 흰 구름을 그려 넣었고 다른 사람들은 그 위에 그라피티 작업을 해서 피터를 기쁘게 했다. 피터의 나무상자들은 2년 동안 자리를 지키다가 인도와 주변 건물들을 포함해서 그 지역이 재개발될 때 철거되었다. 피터의 꿈은 대로변에 긴 꽃밭을 꾸며서 뉴욕 시내의 다른 꽃밭들에 이어지는 녹지대를 만드는 것이었다.

니샤(Nisha) 3057은 인도 뭄바이에 사는 요가 강사로 인구가 과밀한 그 도시에서 게릴라 가드닝을 통해 아름다움과 평안을 찾고 있다. 그녀는 자신이 심는 나무가 안정감을 주는 동시에 그늘과 열매라는 실제적인 이익도 준다고 말한다. 그런 것들은 모두 뭄바이라는 불안정하고 열기로 가득 찬 열대 도시에서는 대단히 유익하다. 1999년 그녀는 자신이 사는 주택조합단지의 공공용지에 숨어들어가 아름다운 오렌지색 꽃이 피는 봉황목(*Delonix regia*), 노랑불꽃나무(*Peltophorum pterocarpum*), 무우수(無憂樹, *Saraca asoca*), 가뭄에 강하고 약용으로 쓰이는 님트리(*Azadirachta indica*) 등을 한 그루씩 심었다. 나중에는 용병 한 명을 고용해서 물을 주게 했다. 그렇게 시간이 지나자 그녀가 심은 나무들은 풍성하게 가지를 뻗었고, 나중에 톱으로 잘려나갈 위기에 부딪혔을 때는 주택조합 사람들의 도움까지 얻을 수 있었다.

가장 유명한 게릴라 가든 가운데 몇몇 사례는 공터에 만들어진 것들이다. 그런 땅은 대부분 집을 헐어냈거나 길을 넓히려고 마련해둔 곳들이다. 잡석과 폐기물로 뒤덮여 있기 마련인 그런 곳을 꽃밭으로 바꾸어 놓으려면 용기가 있어야 한다. 그리고 그만큼 보람도 크다. 그런 곳에 만들어진 꽃밭들은 보기에 좋을 뿐 아니라 지역사회 주민을 위한 만남의 장소가 될 만큼 규모도 커서 많은 사람들에게 혜택을 준다. 도널드(Donal) 277과 애덤(Adam) 276은 뉴욕에서 허가를 받지 않고 만들기 시작했지만 나중에는 엄청난 동네 꽃밭이 된 곳을 나에게 보여주었다. 베를린의 율리아(Julia) 013은 뉴욕보다는 늦게 생겼지만 규모는 비슷한 꽃밭을 구경시켜주었다. 이 사례들은 버려진 땅에 만들어진 수많은 아름다운 꽃밭의 일부에 지나지 않는다. 그리고 앞으로도 계속 이런 사례 이야기를 할 것이다.

아름다움 그 이상을 추구하는 사람들

게릴라 가드닝을 하는 사람들의 꿈은 제한된 화단, 화분, 버려진 땅에 머물지 않는다. 어떤 이들은 제한된 경계를 넘는 장소에 꽃밭을 만들어서 자연이 더 큰 역할을 하도록 기회를 주려고 한다. 도로변은 그런 생각을 가진 사람들에게 알맞은 장소가 된다. 남부 런던에 살면서 자신을 '마법의 먼지를 퍼뜨리는 요정'이라고 부르는 루시(Lucy) 579는 야생화 씨앗을 무작위로 길가에 뿌린다. 특히 봄이 오면 그녀는 집을 나설 때마다 뿌릴 씨앗을 주머니 가득 넣어간다. 그녀가 주로 노리는 곳은 집에서 가까운 히더그린(Hither Green) 구(區)의 기차역이었다. 그곳에서 그녀는 버려진 과자 찌꺼기로 뒤덮인 폐허에 꽃씨를 뿌렸다. 요즘 그녀는 그 역을 '데이지 천국'이라고 부른다. 아침마다 만원열차에 시달리기 전 그곳에서 머리에 꽂을 꽃을 꺾을 수 있게 된 것이다. 미국 델라웨어 카운티(Delaware County) 데븐포트(Davenport)에 사는 토머스(Thomas) 347은 마을을 가로지르는 도로에 원추리꽃(Hemerocallis fulva)를 줄지어 심었다. 데니스(Denise) 183은 우스터셔(Worcestershire)를 지나는 42번 고속도로의 둔덕이 몹시 단조롭다는 생각이 들어 그곳을 좀 밝게 만들겠다고 수선화(Narcissus Pseudonarcissus) 구근을 심었다.

게릴라 가드너들의 '꽃밭 본능'은 땅에만 머물지 않는다. 헬렌(Helen) 1106은 런던 여기저기를 돌아다니다가 위를 올려다보면서 낭만적인 제2의 도시를 상상해보았다. 그녀는 번쩍이는 유리와 쇠붙이 대신 온통 식물로 뒤덮인 고층건물들을 상상한다는 이야기를 했다. 첫 번째 작업은 적어도 당분간은 들키지 않을 것 같은 영국은행(Bank of England) 근처 외진 구석 여기저기에 담쟁이(*Hedera helix*)를 심는 일이었다. 멕시코시티(Mexico City)에서 게릴라 가드너들이 덩굴식물이 심긴 바구니를 버스정류장에 매다는 광경을 본

| 포스터차일드 3261의 플라워박스

적이 있다. 션(Sean) 2350은 시각장애인이지만 런던 켄티시타운(Kentish Town)의 자기 집 가까이 있는 통신탑에 올라가는 연습을 하고 있다.

게릴라 가드닝에 관해 생각하면 할수록 점점 더 많은 후보지가 떠오른다. 마음의 눈을 훈련시키면 완전히 새롭고 흥미진진한 풍경을 볼 수 있게 될 것이다.

내가 먹을 것은 내가 기른다

주인의 허락을 받지 않고 남의 땅에 식물을 심는 이유는 배고픔을 면하기 위해서다. 사정이 극도로 다급해지면 게릴라 가드닝은 한 끼 먹을거리의 권리를 위한 투쟁이 된다. 절망적인 상황에 놓이게 되면 이런 상황은 현실이 된다. 그리고 자기가 먹을 것은 자기가 직접 길러내겠다고 마음먹는 사람들도 점점 늘어나고 있다.

궁핍을 해결하는 게릴라 가드닝

게릴라 가드너들은 곡식을 기를 땅을 차지하기 위해서라면 유혈충돌도 마다하지 않았다. 70년대에는 땅이 없는 멕시코 사람들 수천 명이 농토를 점유했다. 그들은 자신들이 차지한 첫 지역을 오래전에 죽은 게릴라 영웅 에밀리아노 사파타의 이름을 따서 '캄파멘토 에밀리아노 사파타'(Campamento Emiliano Zapata)라고 불렀다. 그리고는 곡식을 심을 땅을 더 얻기 위해 때때로 무력을 사용하면서 투쟁했다. 1976년 에체베리아(Echeverría) 대통령은 그들에게 농지 10만 헥타르를 제공하고 점유한 농지의 일부를 소유하도록 허락했다. 하지만 게릴라 가드너들은 더 많은 땅을 원했기 때문에 그 뒤로도 60만 헥타르를 점유했다. 그러자 멕시코 정부도 게릴라 가드너들의 세력 확대를 더 이상 용인할 수 없게 되어 반격을 가했다. 그 과정에서 100여 명의 농부가 살해당했다. 그보다 덜 오래된 사례로는 온두라스의 타카미체(Tacamiche) 지역 사람들이 버려진 바나나 농장 터를 사용하기 위해 벌인 투쟁을 들 수 있다. 1995년에서 2001년 사이에 그들은 농장에 속한 땅을 불법 경작하면서 불도저와 관료주의와 바나나 농장을 운영하는 거대자본에 맞서 싸웠다. 그리고 결국 게릴라 가드닝을 계속할 수 있도록 허가를 받아냈다.

이런 일은 수많은 사례들 가운데 일부에 지나지 않는다. 그리고 모든 사례들이 유혈충돌을 불러일으킨 것은 아니다. 브라질에서는 MST, '토지 없는 농촌 노동자 운동'이라는 단체의 도움으로 사람들이 사용하지 않는 땅을 평화적으로 점유해서 자신들에게 필요한 곡식을 재배하면서 존속이 가능한 공동체를 만들어가고 있다. 먼저 땅을 점유하는 것은 나중에 합법적으로 소유하기 위한 효과적인 전략이다. 1985년 이래 이 단체는 35만이 넘는 가구가 점유지의 합법적인 소유자가 되도록 하는 성과를 올렸다. 남아프리카공화국에서는 '토지 없는 사람들 운동'(Landless People's Movement)이 노는 땅을 불법적으로 점유한 사람들에게 토지소유권을 인정해주자는 운동을 통해 2800만 명에 이르는 빈곤층이 농업자원을 확보할 수 있도록 노력하고 있다.

게릴라 가드닝의 역사에서 수백 년 전부터 곡식을 키우는 기본 동기는 사람들에게 뭔가를 할 수 있다는 활력을 불어넣는 것이었다. 곡물 값의 상승, 실업, 버려진 땅, 부의 분배가 정의롭지 못하다는 강한 의구심 등이 1649년 윈스탠리(Winstanley)와 그의 '땅 파는 사람들'(Diggers) 무리가 세인트조지스힐(St. George's Hill)을 개간하는 동기가 되었다. 그러자 곧 웰링버로(Wellingborough)와 노댐턴셔(Northamtonshire)의 게릴라 가드너들도 들고일어났다. '웰링버로의 땅 파는 사람들 선언문'에서 리처드 스미스는 "우리는 가진 것을 모두 써버렸다. 장사는 망했고 아내와 아이들은 배가 고프다고 울부짖는다. 목숨이 붙어 있다는 사실이 우리에게는 너무나 큰 짐이 되고 말았다"라고 썼다.

자급자족이 원칙이다

물가가 오르는 가운데 대형 할인점에 의존하는 생활 방식을 바꾸고 건강한 식품을 소비하고 싶다는 바람은 스스로 작물을 재배하는 강력한 동기가 된다. 사람들은 과거의 매력적인 사례들에서 그런 영감을 받는다. 아스텍 문명의 고대도시에서 행해졌던 식품 조달 시스템, 중세 프랑스 파리의 마레(Marais) 지구에 있었던 도시형 농경생태 시스템, 미국의 경우 제1차 세계대전 중의 리버티 가든(Liverty Garden)과 제2차 세계대전 중의 빅토리 가든(Victory Garden) 운동, 영국의 '승리를 향한 경작'(Dig for Victory) 운동, 미국의 경제봉쇄에 맞선 쿠바 협동농장들, 철학적 배경이 단단하지 않은 환경보호농업, 그리고 최근의 것으로 미국 건축가 프리츠 헤이그(Fritz

Haeg)가 제안한 '빵이 되는 농장'(Edible Estate) 운동 등이 그런 사례일 것이다. 오늘날 많은 사람들이 식용작물을 재배하는 데 관심을 보이고 있다. 영국에서는 제2차 세계대전 이후 처음으로 식용작물 씨앗 판매액이 화훼 씨앗 판매액을 넘어섰다. 그런데 이론상으로는 작물을 재배하려면 자기 땅이 있어야 한다. 그렇지 않으면 게릴라 가드닝 밖에 대안이 없다.

작물을 기르고 싶지만 땅이 없는 게릴라 가드너에게는 또 하나 대안이 있는데, 그것을 말로 표현하자면 '게릴라 추수'쯤 된다. 훔친다는 이야기가 아니다. 그건 게릴라 가드너가 선택하기에는 너무 범죄에 가까운 행동이다. 직접 생산하는 것과 남의 것을 가지는 것 중간쯤 된다고 할까. 버려진 땅에 경작을 하듯 내버려지는 작물을 차지하는 방법이다. 미국 캘리포니아에 사는 데이비드(David) 1992, 마티아스(Matias) 1993, 오스틴(Austin) 1994는 '떨어진 열매'(Fallen Fruit)라는 그룹과 웹사이트(FallenFruit.org)를 만들어 함께 활동한다. 이들은 공공장소에서 자라는 과일나무의 열매를 수확하라고 부추긴다. 로스앤젤레스의 실버레이크(Silver Lake) 지역 지도에 수확할 수 있는 과일나무 위치를 표시하는데, 공유지에 자라는 나무뿐 아니라 사유지에 속하면서 가지가 도로로 넘어와 있는 것까지 포함시킨다. 이제는 공유지에 과일나무를 더 많이 심자는 캠페인을 벌이고 있다. 그리고 과수원을 하는 사람들에게 사유지 경계 바깥에도 과일나무를 심도록 권한다. 그렇게 해서 주민들이 자기가 사는 지역에서 군것질거리를 얻을 수 있도록 하자는 것이다.

게릴라 가드너들은 수확물을 자랑하기도 한다. 독일 베를린에 사는 한스(Hans) 1287은 널찍한 채소밭에서 상추(*Lactuca sativa*), 꽃양배추(*Brassica oleracea*), 케일(*Brassica oleracea var. acephala*) 등 잎채소를 재배한다. 뉴욕의 애덤(Adam) 276은 내게 달콤한 고추(*Capsicum annuum*)를 따주었고, 요한나(Johanna) 2491은 여러 가지 박하(*Mentha sp.*)와 커다란 호박(*Cucurbita pepo*)으로 둘레를 친 멋진 허브가든을 보여주었다. 자동차 매연이 닿지 않게 도로에서 떨어진 장소가 좋겠지만, 미국의 빌(Bill) 2787이 강낭콩(*Phaseolus vulgaris*)을 심은 장소는 디트로이트(Detroit) 텔레그래프드라이브(Telegraph Drive)와 웨스트아우터드라이브(West Outer Drive) 사이의 96번 주간(州間) 고속도로 길가다. 나도 런던 엘리펀트 앤드 캐슬의 버스 정류장 가까운 곳에 연노랑 근대(*Beta vulgaris var. cycla*)를 심은 적이 있다. 웨스트요크셔 지방의 작은 마을 토드모던(Todmorden) 주민들은 2005년부터 시립 화훼장 등에 허브와 채소를 심어왔다(Incredible-Edible-Todmorden.com 참조). 이곳에 사는 닉(Nick) 5593은 게릴라 가드닝 활동을 하면서 공원 주변 습한 땅에 물냉이를 심고 보건소의 내버려진 땅에 케일(*Brassica oleracea var. acephala*)을 재배하는 이야기를 들려주었다. 물론 허가를 받은 때도 있고 그렇지 않은 때도 있다고 한다. 점점 더 많은 주민들이 공공장소에 식용작물을 재배해서 수확물을 나누고 있다. 이 마을은 10년 안에 식품을 완전히 자급자족할 계획이다.

식용작물을 기르는 게릴라 가드너들

남의 땅에 식용작물을 심는 일은 생계 때문만은 아니다. 식품이 풍부하고 누구나 싸고 쉽게 구할 수 있는 곳에서도 게릴라 가드너는 남의 땅에 식용작물을 심을 것이다. 많은 게릴라 가드너에게 그것은 산업화된 농업에 기대지 않고도 더 지속가능한 방법으로 생활을 유지할 수 있음을 시위하는 일종의 상징적인 행동이다. 스스로를 생태주의 전사라고 묘사하지는 않지만, 생태적, 정치적 명분은 게릴라 가드너들에게 점점 더 중요한 동기가 되고 있다.

산타크루즈 노숙자 연합의 설립에 힘을 보탠 앤더스(Anders) 860은 1992년 동료들과 함께 캘리포니아 주정부 소유지 한 곳을 점령했다. 며칠 지나지 않아 경찰이 그들의 텐트촌을 폐쇄했지만 그들은 게릴라 가드닝을 멈추지 않았다. 자신의 저서 『침입 금지 No Trespassing』에서 그는 5년 동안 채소를 키우고 매주 2회 '폭탄 대신 먹을거리'(Food Not Bombs)이라는 행동그룹과 함께 노숙자들에게 식사를 제공한 이야기를 전하고 있다. 그들의 게릴라 가든은 1997년 완전히 파괴되었고, 그 자리에는 장난감을 파는 토이즈러스(Toys R Us)와 가전제품 할인매장 서킷 시티(Circuit City)의 진입로가 생겼다.

최근 저스틴(Justin) 734와 친구들은 샌프란시스코에서 노는 땅 여러 곳을 꽃밭으로 바꾸어 놓았다. 첫 번째 게릴라 가든은 버널 하이츠(Bernal Heights) 산자락에 있는 넓이 $18,000m^2$의 땅이었다. 1990년대 중반 그곳은 샌프란시스코 도시정원동호인연맹이 운영하는 농장이었다. 저스틴은 그 단체가 해체된 뒤 내버려진 그곳을 게릴라 가드닝으로 되살리기로 했다. 저스틴과 동료들은 경

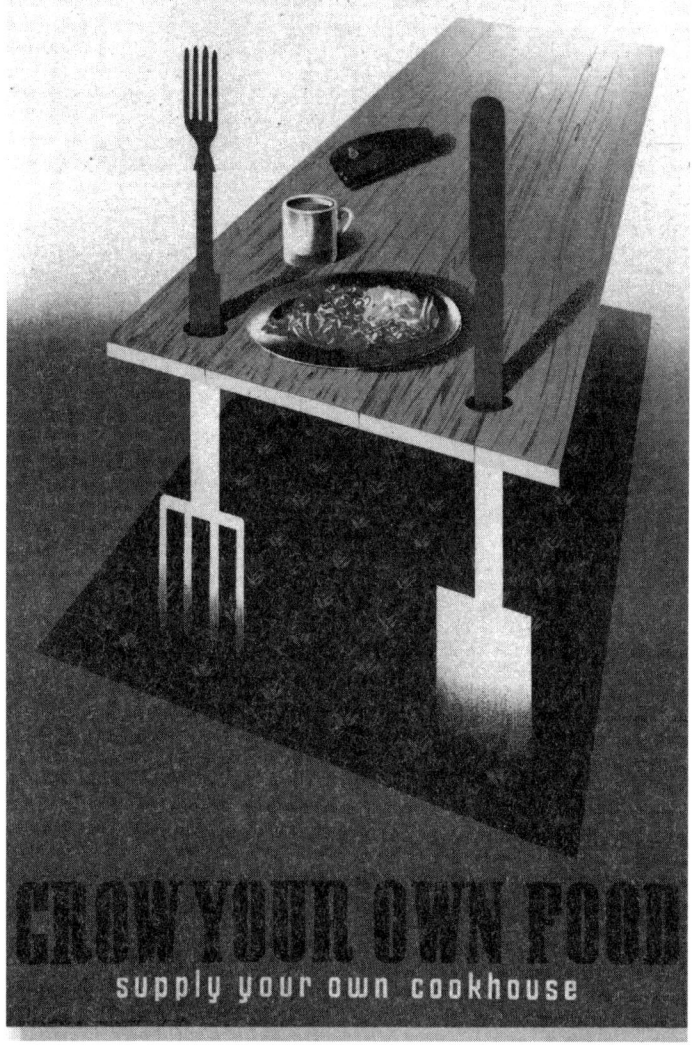

| 2차대전 중 영국정부가 사용한 자급자족 장려 포스터

운기와 퇴비를 가지고 가서 그곳을 다시 식용작물 재배지로 만들었다. 이들이 보여준 관심과 노력이 시청을 움직여서 행정구역 안에서 유일한 농장인 앨러매니 농장(AlemanyFarm.org)의 반환 요구를 막아주었다. 저스틴 일행은 게릴라 가든에서 생산되는 유기농 작물을 가까이에 있는 정부 보조 주택의 자원봉사자들과 가정에 나누어주었다.

일본 도쿄는 인구 3400만 명으로 세계에서 가장 큰 도시다. 그곳에서 그래픽 디자이너로 일하는 데이비드(David) 1168과 마이클(Michale) 1169도 열성적으로 식용작물을 기르는 게릴라 가드너들이다. 2005년 두 사람은 데이비드 집 근처 빈 땅에 단호박(*Cucurbita maxima*) 씨앗을 흩뿌리는 것으로 게릴라 가드닝을 시작했다. 그게 잘 되자 이번에는 가미야초(神谷町)의 사무실 건물들 뒤 버려진 땅에 조그마한 게릴라 가든을 만들었다. 또 요코하마 시민갤러리 바깥 작은 구덩이들에는 브로콜리(*Brassica oleracea italica*)를, 가로수 보호시설에는 무(*Raphanus sativus longipinnatus*)를 심었다. 두 사람은 지속가능한 농업과 돈을 받지 않고 식품을 나눠주는 것이 가능함을 보여주려고 한다. 데이비드는 말한다. "우리가 사는 정글이 먹을 것 천지라는 걸 알리고 싶은 거죠. 채소는 금방 수확했을 때 가장 신선하잖아요. 그러니 각자 사는 곳에서 길러 먹어야 한다고 생각했어요."

작은 규모로 하는 원예 활동도 효과적인 홍보가 될 수 있다. 영국 서머싯 지방 크류컨(Crewkerne)에 사는 벤(Ben) 2676은 어린 두 딸 릴리(Lily) 2677과 누어(Noor) 2678과 함께 동네 할인점 출입구 바로 곁에 놓인 2㎡ 넓이의 화분에 옥수수(Zea mays)를 심었다. 주변 환경을 좀 더 생산적으로 만들 수 있음을 보여주려는 것이었다. 그는 그렇게 얻은 옥수수로 빵을 만들 계획이었는데, 더러웠던 화분이 싹으로 덮이자 사람들이 깔고 앉는 바람에 아쉽게도 아무것도 수확하지 못했다.

사람을 자극하는 식물

게릴라 가드너들은 채소보다 좀 더 사람을 자극하는 작물도 심는다. 전 세계 약품 거래를 보면 게릴라 가드너들이 하는 일 정도는 대규모로 이루어지는 약품식물 산업에 비해서 구멍가게 수준에도 미치지 못한다. 하지만 이런 소규모 작업에도 나름대로 장점이 있다. 자기 땅에 마약을 재배하는 마약왕들은 그 땅에 대한 권리를 지키지 않으면 마약 재배라는 범죄 행위를 계속할 수 없다는 문제가 있다. 그래서 단속 기관이 기웃거리지 못하도록 사병을 거느려야 한다. 예를 들어 페루의 코카 귀족들은 인원이 5백 명이나 되는 '빛나는 길'(Sendero Luminoso, 모택동주의자들로 이루어진 혁명단체)이라는 게릴라 부대를 고용하고 있다. 그렇지만 게릴라 가드너는 자기 땅에서 경작하는 것이 아니므로 땅을 지킬 게릴라 부대도 필요 없다. 작업을 하다가 걸리지만 않는다면 게릴라 가든과 가드너를 연결할 증거란 아무것도 없는 것이다.

이름 모를 어느 게릴라 가드너가 캘리포니아 커멀밸리(Carmel Valley)의 강둑에 대마(Cannabis sativa subsp. indica) 3,400 그루를 몰래 심었다. 그런데 그 땅은 미디어 재벌 루퍼트 머독(Rupert Murdoch) 소유였다. 그는 결국 사람들에게 들켰지만 붙잡히기 전에 도망쳤고 대마는 뽑히고 말았다. 규모는 작지만 훨씬 당당하게 마약을 재배하는 사례도 있다. 독일 남부의 그림처럼 아름다운 소도시 튀빙엔(Tübingen)에 사는 마리아(Maria) 888은 시내 이곳저곳 화단에 대마(Cannabis sativa subsp. sativa) 씨앗을 뿌렸다. 그랬더니 많은 씨앗이 꽃밭을 관리하는 담당자들의 손길을 이기고 수확이 가능한 대마로 자랐다.

공동체를 위한 꽃밭

녹색 공동체가 생기면 그 도시에 혜택이 돌아간다는 것에 이의를 제기하는 사람은 거의 없다. 시골과 같은 환경을 도시에 옮겨 놓으면 "그것은 우리 영혼과 가슴에 신비로운 고요와 경외감을 전해준다." 19세기의 급진적 사회개혁가 프란시스 플레이스(Francis Place)의 이 말에는 오늘날 우리도 공감한다.

빅토리아 시대 영국에서는 사회의 산업화에 따른 부작용을 치유하는 수단으로 공원 건설이 유행했다. 도시에 만들어지는 공원은 맑은 공기를 위한 것만이 아니었다. 공원은 알코올 문제를 해결하기 위한 장치이기도 했다. 그 당시 첫 공원 가운데 한 곳을 설계한 존 루던(John Loudon)은 자신의 수목원이 더비(Derby) 지역 주민에게 식물학을 배울 기회를 제공하고 투계와 음주라는 저급하고도 폭력적인 취미 대신 맑은 공기를 즐기도록 유도하기 위한 것이라고 말했다. 공원은 사회의 잠재적인 저항감을 줄이기 위한 것이었다. 어떤 공원에는 정치 토론을 하도록 마련된 장소도 있었다. 런던 동부의 빅토리아 공원에 정치 모임을 위해 특별히 설치된 회의장이 그런 곳이었다.

오늘날에도 공원을 만들고는 있지만, 지역 주민에게 필요한 작은 공동체 공간이라기보다는 도시를 상징하는 거대 시설로 구상하는 경우가 흔하다. 그래서 공원에 가는 일이 벼르고 별러 하는 행사가 되고 말았지만, 사람들은 마음만 먹으면 언제든 갈 수 있는 곳이 공원이기를 바란다.

열성적인 게릴라 가드너들은 그런 식으로 사용할 수 있는 공간을 확보하기 위해 싸운다. 뉴욕의 녹색 전사 재커리(Zachary) 922는 많은 사람을 대신해서 목소리를 높인다. "그런 땅을 되찾아서 이웃들을 위해 사용할 수 있게 하는 것은 우리의 권리이자 의무다. 이 도시, 이 나라에는 사람들이 입장료를 내거나 음료를 사지 않고 언제든지 함께 모여 앉거나 꽃을 키우거나 고기를 굽거나 사람들과 즐거운 시간을 가질 수 있는 장소가 너무나 적다. 콘크리트 상자 속이 아니라 뭔가를 배우고 기술을 익히거나 그저 흙을 만질 수 있는 바람직한 장소가 모자라는 것이다."

공동체를 위한 꽃밭 공간을 확보하려는 열정은 그런 공동체 꽃밭에 대해 뉴욕보다 훨씬 적대적인 지역에서도 모습을 드러낸다. 레딩(Reading) 시 외곽의 어느 전형적인 영국 마을에서도 그랬다. 2007년 5월, 낡은 케이츠그로브(Katesgrove) 구를 지나가는 내부순환로의 절개부분 바로 곁에서 스물두 살 먹은 도장공이자 조경전문가인 스튜어트(Stuart) 1952는 한 무리의 게릴라 가드너들을 이

끝었다(RGACollective.org.uk). 그들의 목표는 불법점유 가옥 가까운 곳에 사용하지 않고 버려둔 공공용지에 공동체를 위한 공원을 만드는 것이었다. 이들은 주사바늘, 콘돔, 깨진 유리로 뒤덮인 곳을 정리해서 널찍한 장소를 만들었다. 그리고 그곳에 잔디와 나무 조각을 깔고 통나무를 적당히 파서 의자를 만들고 보라색 페튜니아(*Petunia hybrida*)를 심었다.

다른 사람을 위하는 마음 하나로 활동하는 스튜어트는 자기 팀이 개척한 곳에서 '개원 기념 바비큐 파티'를 열어 공동체 구성원들을 초대했다. 이 소식은 곧 자치단체 행정기관에 알려졌고, 행정기관은 즉시 제재에 나서 게릴라 가드너들이 그 장소에 들어가지 못하도록 출입금지 명령을 내렸다. 행정기관이 내세운 근거는 '건강과 안전 문제'였는데, 그 땅이 그전에 어떤 상태였는지를 생각하면 기가 막히게 아이러니한 이유였다. 출입금지명령에도 아랑곳하지 않고 바비큐 파티는 열렸고 주민 2백 명이 참가했다. 그 자리에서 게릴라 가드너들은 그 땅을 계속 사용할 권리를 얻기 위한 합법화 투쟁을 시작했다. 그리고 지역 언론에 보도자료를 보내어 협조를 구했다. 행정법원에 소환되었을 때 그들은 "공동체를 지키자, 꽃밭을 지키자!"는 슬로건을 내세워 투쟁했다. 내가 2007년에 그곳을 둘러보았을 때 꽃밭은 화려한 모습이었지만 다음해 파괴되고 말았다. 게릴라 가드너들의 시위와 열정적인 태도는 마침내 시의회를 움직여 공동체 꽃밭을 만들 다른 땅을 주겠다는 약속을 받아냈다. 게다가 원래의 땅을 떠나는 날에는 더 킹 블루스라는 록밴드까지 동원된 왁자지껄한 작별파티를 할 수 있도록 허락을 받았다.

　투쟁을 택한 게릴라 가드너들이 얻는 또 하나의 소득은 싸우는 과정에서 생기는 동지애다. 베를린의 프라우케(Frauke) 242는 공간을 성공적으로 만들어내는 문제에서 공동체의 참여를 가장 중요한 요소로 보는 게릴라 가드너에 속한다. 어느 해 여름날 저녁, 나는 그녀와 그녀의 동료들과 함께 그 지역 풀섶으로 야외에 만든 세 칸짜리 주거 공간을 어슬렁거리고 있었다. 전기기구로 풀밭을 약간 손질하자 안락하게 머물 수 있는 공간이 만들어졌다. 그곳에서 우리는 왜 공장이 있는 폐허에 이런 불법 시설을 만들어야 했는지 이야기를 나누었다. 그녀는 이런 모든 것이 공식적으로는 마우어 공원(Mauerpark, 1994년 옛 장벽이 있던 곳에 만들어진 공원)에 속하는 이 땅이 어떠해야 하는지에 대해 주의를 환기하기 위한 행동이라고 말했다. 애초에는 공원을 건설하기로 약속을 받은 곳이었지만, 그 뒤로 토지 소유 문제를 둘러싼 말썽 때문에 미루어지고 있는 곳이었다.

　프라우케는 공원을 지원하는 입장이긴 하지만, 그보다 더 관심을 가지는 것은 주민들이 스스로의 창의성을 가지고 참여하는 공동체 꽃밭이다. "모든 건 공동체를 통해서만 이루어지죠. 교감, 지식을 주고받는 일, 자율적인 조직, 생태론적인 관점, 폐기물 감축을 실현하는 일이 그렇습니다. 내가 생각해야 하는 것은 무엇인지, 그런 생각을 가지는 것만으로 충분한지 함께 고민하자는 겁니다." 현재 그녀는 베를린의 몇 장소에서 꽃밭을 만들도록 허가를 받았다. 그 일은 시에서는 비용을 감당할 수 없는 공공서비스에 해당하는 일이다.

　게릴라 가드너에 속하지 않지만 공동체 꽃밭 주변에 사는 주민들도 혜택을 보기는 마찬가지다. 공동체 공원의 긍정적인 효과는 거기서 피는 꽃의 향기처럼 가까운 거리로 퍼진다. 손질이 잘 된 공동체 꽃밭에 사람이 상주하면 범죄율을 낮추는 데 기여한다. 애덤(Adam) 276은 나를 뉴욕의 헬스키친(Hell's Kitchen)으로 이끌었다. 그곳에서 그는 건강에 해로운 지역에 '클린턴(Clinton) 공동체 꽃밭' 등이 생긴 덕분에 마약과 매매춘이 줄어들었다고 설명했다. 매매춘에 참여하거나 구걸하는 사람들이 활동 영역을 잃어버린 결과라는 것이다.

　미국의 루즈벨트 대통령은 자연이 공동체를 통합하는 힘을 가지고 있다는 것을 잘 아는 사람이었다. 1945년 그는 샌프란시스코에서 열린 유엔창립총회 기간 중에 한 회의를 경이로운 뮤어우즈(Muir Woods)에서 열도록 참가자들을 초대했다. 그 숲에는 엄청나게 큰 레드우드(redwood, *Sequoia sempervirens*)가 군락을 이루고 있었다. 배경이나 출신이 어떻든 우리는 수천 년 된 나무들이 보여주듯 엄청난 자연의 힘을 존경해야 한다는 것이 그의 생각이었다. 그만큼 오래 되지는 않았지만 우리 주변의 게릴라 가든에서 자라는 식물 또한 사람들을 평화롭게 하나가 되도록 할 잠재력을 지니고 있다.

아름다운 환경에 건강은 보너스

공동체가 꽃밭으로부터 혜택을 얻는 것처럼 꽃밭에 관련된 개인들도 얻는 것이 있다. 우리 몸이 꽃밭에서 바람직한 영향을 받는다는 사실은 말할 필요도 없다. 무슨 일을 하든 꽃밭에서 몸을 움직이면 에너지를 소모한다. 나무울타리를 다듬으면 근력이 좋아지고 땅을 파거나 쪼그리고 앉아 흙일을 하면 허벅지와 엉덩이 부분이 보기 좋아진다. 이미 19세기에 독일 라이프치히의 의사 다니엘 슈레버(Daniel Schreber)는 꽃밭 가꾸기가 건강에 도움을 준다는 사실을 확인했다. 그는 가난한 집안 아이들을 위해 도시에 녹색 지역을 만들 생각을 했다. 하지만 그의 희망이 현실이 된 것은 그가 세상을 떠나고 난 뒤였다. 영국의 '얼로트먼트'(allotment, 시에서 주민에게 임대하는 밭)와 비슷하지만 산업화된 도시에 사는 가난한 아이들의 건강을 증진한다는 특별한 목표를 가지고 만들어진 이른바 '슈레버 정원'들은 독일이 위기를 맞았을 때도 아이들의 즐거운 보금자리가 되었고 지금도 마찬가지다.

꽃밭 가꾸기는 아주 좋은 신체적인 운동이다. 운동을 한다고 해서 환하게 조명을 켜고 냉난방 시설을 완벽하게 한 헬스클럽에서 요란을 떨거나 이곳저곳에서 벌어지는 스포츠 행사에 참여하느라 돈을 써야 하는 것은 아니다. 운동 결과를 확인하는 일은 거울을 보고도 할 수 있지만 눈앞에 펼쳐진 전경을 보면서 할 수도 있다. 버려진 이랑을 정리하고 딱딱해진 흙을 파헤치며 땀을 빼는 일은 무엇보다 처음 했을 때가 가장 효과가 좋다. 나와 함께 게릴라 가드닝을 하는 사람들은 "거기 괭이 좀 줘 봐" 하고는 땅에서 뭔가를 파낼 때 가장 행복한 모습이다. 정원 일은 헬스클럽의 돈 안 드는 대안이며 극한 스포츠보다 훨씬 안전한 운동이다.

슈레버가 보기에 정원 일이나 그에 관련된 육체적인 운동은 개인의 몸과 마음뿐 아니라 사회 전체를 건강하게 만드는 길이었다. 최근에는 미국 텍사스 대학의 로저 울리크(Roger Ulrich) 박사가 수술 후 환자 가운데 창밖으로 나무가 보이는 병실의 환자가 그렇지 않은 병실의 환자보다 회복 속도가 빨랐다는 관찰 결과를 발표했다. 모종삽을 들고 직접 뛰어들지 않아도 된다는 얘기다. 꽃밭을 보기만 해도 누구나 건강해지기 때문이다.

꽃밭 일은 뇌에도 이롭다. 아프리카 보츠와나의 수도 가보로네(Gaborone)에 사는 은카기상(Nkagisang) 7229는 이혼을 하는 힘든 과정에서 게릴라 가드닝을 시작했다고 한다. "그건 정말 치료법이었어요. 식물들이 자라는 모습을 보면서 얼마나 기뻐했는지 모릅니다." 이혼의 상처가 아문 뒤에도 그녀는 6년이 넘게 게릴라 가드닝에 참여하고 있다. 에디(Edie) 1660는 뉴욕에서 게릴라 가드닝에 참여하는 사람들 가운데는 정신적으로 심각한 병을 앓는 경우가 있다면서 기분 좋은 어조로 말한다. "정신적인 기능이 제대로 작동하지 않는 사람들이 꽃밭에서는 활기를 되찾는답니다." 게릴라 가드닝은 때때로 조증(躁症) 발작을 일으키는 경향이 있는 사람들에게 더욱 효과적이라고 생각한다. 정신 건강이라는 주제는 몇몇의 게릴라 가드너들과 이야기를 나누는 도중에 아주 즉흥적으로 등장했다. 그 자리에 있던 동료들은 정신적으로 어려운 시기를 지나고 있을 때 게릴라 가드닝이 어떻게 도움이 되고 마음을 안정시켜주었는지 이야기했다. 꼭 정신적인 문제가 있어야 게릴라 가드너가 되는 건 아니지만 약간의 문제는 게릴라 가드닝에 눈길을 돌리는 계기가 된다. 그리고 게릴라 가드닝은 그런 정신적인 문제를 가라앉히는 데 도움을 준다.

게릴라 가드닝은 또한 우리가 사는 지구의 문제를 조금이나마 치료하는 방법이기도 하다. 달리 말하면, 식물이 많아지면 탄소 흡수가 많아지고 작물을 생산하는 토지가 많아지며 온난화가 완화된다. 세계를 돌아다니며 환경 파괴를 기록하는 영국 출신 사진가 폴(Paul) 2207은 자신이 내뿜는 많은 오염물질을 상쇄하기 위해 '게릴라 식목'을 하게 되었다. 웰시의 고향집에 있는 기간이면 그는 몰래 떡갈나무(Quercus rober) 묘목을 심느라 이곳저곳 잡목숲 울타리를 넘나든다. 물론 그의 행동은 자신이 내뿜는 탄소 물질을 모두 상쇄하기에는 터무니없이 작은 것이다. 하지만 나무를 심고 돌보는 시간을 갖는 것은 가만히 앉아서 탄소배출권 거래소에게 돈을 내는 것보다 죄책감을 해소하는 데는 훨씬 효과적인 방법이다.

덩값이 오르니 후원자가 생기다

환경을 아름답게 꾸미면 상업적인 이득도 따라온다. 환경을 매력적으로 만드는 데 돈과 시간을 투자한 곳에는 사람들이 찾아오고 살고 돈을 쓴다. 그래서 다시 환경을 정비할 여유가 마련되는 것이다. 영악한 주택 소유자들과 상점 운영자들은 자신들의 자산에만 골몰하지 말고 주변을 바꾸는 노력을 해야 한다. 그게 사업에도 유익한 일이니 그렇다.

영국 서섹스 지방의 외진 마을 싱글턴에서 가까운 농촌에서 게릴라 가드닝을 하는 버스터(Buster) 1266을 만났다. 그는 도로변에서 자동차 간이음식점을 하고 있다. 그래서 돈을 벌려면 달리는 차들이 속도를 늦추고 간단한 먹을거리를 살 생각을 하도록 만들어야 한다. 그래서 흰색 차에 요란한 문구를 붙이는 대신 차가 서 있는 곳 가까운 도로변에 색을 입히는 방법을 택했다. 손님이 없으면 예초기로 덤불을 잘라 자신이 심은 팬지(Viola tricolor)가 잘 보이도록 했다. 베이컨 샌드위치를 먹는 손님들의 눈을 즐겁게 하려는 것이었다. 그리고 브뤼셀에서는 마리오(Mario) 2506을 만났다. 그는 버스터와 같은 이유로 리브루사르(Lesbroussart) 가에서 자신이 운영하는 재활용 의류 매장 바깥의 나무를 팬 장소에 해바라기(Helianthus annuus)를 심었다. 남아프리카공화국에서는 프란시스(Francis) 7047이 가꾼 꽃밭을 구경했다. 그는 1번 국도의 번잡한 교차로에서 조각 땅이 딸린 노점을 운영하고 있다. 장신구를 팔지 않는 시간에는 풀이 빽빽한 도로변 고랑에 선인장류를 심어서 지나가는 사람들의 시선을 끈다.

사업 수단으로 게릴라 가드닝을 동원하는 경우는 혼자 일하는 판매상들만이 아니다. 광고회사들은 게릴라 가드닝을 생태론적으로 긍정적인 뉘앙스를 주는 마케팅 무기로 사용하기 시작했다. 헝가리 잡지 〈레이건*Raygun*〉의 크리에이티브 디렉터로 일하는 알렉스(Alex) 1848은 헤걀랴(Hegyalja) 음악제 홍보에 게릴라 가드닝을 이용했다. 그는 헝가리 전국에 동시에 전해질 정교한 도구를 고안했다. 2007년 6월 4일, 각 역에서 모인 10명이 네 팀으로 나뉘어 니레가자(Nyireghaza), 데브레센(Debrecen), 미스콜크(Miskolc), 부다페스트(Budapest) 등 네 곳에서 이름난 곳을 골라 정확하게 아침 아홉 시에 땅을 파기 시작해서 꽃을 심었다. 꽃에는 페튜니아(*Petunia*)와 담배(*Nicotiana alata*)도 포함되어 있었다. 음악제가 끝난 다음날 이 행사를 조직한 사람들이 나서서 이 행사에 관한 공적인 책임을 지겠다고 발표했다. 그러나 이 이야기는 전국적으로 긍정적인 반응을 얻어냈다.

  게릴라 가드너들이 상업적인 동기를 가진 참여자들을 조롱하는 이야기를 들은 적이 있다. 하지만 나는 그런 동기에도 귀를 기울이기를 권한다. 공공용지를 아름답게 꾸미면 의도했든 아니든 도시가 고급스러워지는 효과가 있다. 서리(Surrey) 지방 워킹(Woking)에 사는 게릴라 가드너 던컨(Duncan) 197은 자신이 불법적으로 만든 정원이 부동산 중개업자를 얼마나 기쁘게 했는지 알게 되었다. 중개업자는 보잘 것 없는 환경에 심긴 난쟁이 수선화(*Narcissi 'Tête-à-tête'*) 60 포기가 핀 이랑이 이웃집의 매각 광고 사진에 확실하게 들어가도록 카메라 위치를 잡고 있었던 것이다. 그건 던컨도 예상하지 못한 일이었다.

  마지막으로, 주변을 아름답게 꾸미다보면 실제로는 자기 꽃밭의 영속성이 위협받게 된다. 1970년대 뉴욕에서는 게릴라 가든

| 마르키트 다리(헝가리 부다페스트)에서 활짝 피어난 담배꽃

덕분에 거칠기 짝이 없던 동네에 변화와 개선이 이루어지고, 그 바람에 땅값이 올라 무관심했던 지주가 직접 나서서 주변을 꾸밀 가능성이 높아졌다. 내가 살고 있는 고층아파트의 버려진 화단을 손질할 때도 그런 불행한 부작용 때문에 머리가 아팠다. 한 삽 한 삽 뜰 때마다 나는 인접한 부동산의 값을 올리고 있었고, 그 결과 나 자신이 부동산이라는 사다리에 발을 올려놓기가 점점 더 어려워지는 셈이기 때문이었다. 집을 가지고 있는 이웃들은 그런 사실에 기분이 좋아졌고, 그 바람에 그들은 가장 큰 후원자가 되어 주었다.

그런 사실을 알았다고 멈출 내가 아니었다. 슬럼에 집을 사서 살면서 줄곧 실내에 머물러 있기보다는 정원을 만들 수 있는 매력적인 환경에서 세를 얻어 살기를 원한다.

식물을 통해 타인과 소통하기

정원은 자신의 생각을 생생하게 표현하는 수단이다. 더구나 자기 땅이 아닌 공공장소에서 하는 게릴라 가드닝은 훨씬 강한 메시지를 전달한다. 그리고 우리 사회는 그런 창의성이 절실하게 필요하다.

아름다운 동네에서 아름다운 정원과 온갖 편의시설이 갖추어진 아름다운 집을 짓고 먹고 싶은 것을 마음대로 먹으면서 산다. 이런 것이 사람들이 생각하는 이상적인 도시생활일지도 모르겠다. 하지만 그런 생활은 올림픽 경기 유치로 잠시 소생시킨 도시,

사막에 급조한 도시에서나 기대할 수 있는 생활이다. 그렇게 완벽하게 화장하고 편의시설로 넘치는 도시는 우편엽서에나 어울리는 이미지일 것이다. 화장을 조금만 벗겨내면 공허하고 엉성한 원래 모습이 드러나는 곳 말이다. 도시를 개성 있게 만드는 소소한 디테일은 경제와 조경이 세계화를 표방하면서 마음대로 규칙과 행동양식을 정하는 바람에 사라져버렸다. 사람들이 공유하는 공간들은 점점 잠깐씩 고통을 잊게 하는 마취제로 바뀌고, 우리는 건축가들이 만들어서 벽에 붙여준 허수아비 역할을 하도록 강요당하게 되었다. 우리는 스스로 움직일 능력이 없는 장식품에 지나지 않아서, 비용을 지불할 수 있을 때만 그런 공공장소에서 시간을 보낼 수 있을 뿐이다.

도대체 우리는 왜 공적인 공간에서 그런 역할밖에 할 수 없도록 통제당하는 것일까? 심지어 우리 집에서 가까운 어느 쇼핑센터는 최근 후드 달린 옷을 입으면 입장할 수 없다는 규정까지 만들었다. 게릴라 가드너들은 다른 사람들이 만들어 놓은 멋진 꽃밭을 지나가면서 구경하는 데 만족하지 않는다. 우리는 우리가 사는 환경을 바꾸고 식물을 통해서 어떤 방식으로든 사람들과 소통하기를 원하는 것이다.

게릴라 가드닝의 메시지

가장 간단한 메시지는 우리 주변이 아름답고 생산적인 장소가 될 가능성이 충분히 있다는 사실이다. 베키(Becky) 735는 샌프란시스코의 앨러매니 농장 프로젝트를 설명하면서 그 프로젝트의 목적이 단순히 식용작물을 재배하는 것이 아니었다고 말한다. 그보다는 "자기가 사는 지역에서 곡물을 재배할 가능성과 그로부터 얻는 이득을 샌프란시스코 사람들에게 알리고 자극하는 것이었다"고 한다.

헤더(Heather) 1986는 원래 기업이 벌이는 대규모 프로젝트들에서 조경 설계자로 일하는 사람인데, 자신이 직업으로 하는 일로는 표현할 수 없는 것을 말하기 위해서 여가시간에 게릴라 가드닝 활동을 시작했다. 헤더는 먼저 여주협의회(Bitter Melon Council, BitterMelon.org)라는 모임에 가입했다. 이 협의회는 쓴맛이 강하고 울퉁불퉁해서 인기가 없는 여주라는 과일을 좋아하는 사람들의 그룹이었다. 그래서 2005년 전국 여주의 날을 기념해서 그녀는 보스턴의 중국인 거리에 가두 선전대를 만들어놓고 행인들에게 여주 씨앗 폭탄을 만들 재료를 나누어주었다.

헤더가 나누어준 재료에는 지역의 버려진 땅이 앓고 있는 문제를 마음을 다해서 치료하는 방법으로 씨앗 폭탄을 사용하도록 안내하는 자료도 있었다. 그녀의 표현을 빌리면 "쓴 맛을 본 땅을 쓰디쓴 방법으로 치유한다"는 것이었다. 헤더는 자신의 활동을 좀 더 상징적으로 만들기 위해 씨앗과 함께 종이 냅킨을 나누어주었다. 게릴라 가드너들이 자신에게 쓴맛을 선사하는 것이 무엇인지 그 냅킨에 적어 씨앗과 함께 던지도록 한 것이다. 그런데 아쉽게도 그 동네 중국계 사람들은 여주 씨앗을 무척 좋아했다. 그래서 여주 씨앗을 수확하지도 못할 땅에 던져버리는 대신 자기 집에 심는 쪽을 택했다.

어떤 게릴라 가드너들은 게릴라 가든을 식물과 야생동물이 있는 생생한 전시장으로 만들어 아이들에게 먹을거리의 기원과 동물, 계절의 변화 같은 것을 가르치고 싶어 한다. 그런 것이야말로 도시에 사는 사람들이 잃어버린 메시지다. 그런 점에서 아주 좋은 사례는 독일 베를린 크로이츠베르크(Kreuzberg) 지역 로이슈너담(Leuschnerdamm)에 만들어진 어린이농장 '장벽광장'일 것이다. 1981년 3월 자녀가 있는 일단의 여성들이 옛 베를린 장벽 근처 버려진 땅에 게릴라 가든을 만들기 시작했다. 지금 그곳에 가면 식물들이 세계 어디에서 왔는지 알려주는 표지판을 볼 수 있다. 아이들은 조랑말과 놀고 터키 이민자들이 독일 수도 한가운데서 자신들의 전통적인 농촌생활을 체험할 수 있다.

추모하는 게릴라 가드닝도 있다

정원의 화려한 색깔과 활기는 비극을 품고 있는 장소의 의미를 왜곡하기 쉽다. 비닐에 싼 꽃다발을 비극이 일어났던 길가에 두기 위해서 허락을 구하는 사람은 없다. 마찬가지로 그런 장소에 살아 있는 식물을 두는 경우에도 허락을 받아야 하는 것은 아니다.

스티븐(Stephen) 1337은 차를 타고 햄프셔 지방을 지나가다가 민리우드(Minly Wood) 근처 327번 국도로 이어지는 어느 버려진 로터리를 보았다. 2002년 그곳에서는 살해당한 밀리 다울러(Milly Dowler)라는 10대 소년의 시신이 발견되었다. 스티븐은 그곳에 활기를 불어넣기로 마음 먹고는 형광색 옷을 입고 혼자서 여러 가지 수선화(Narcissus spp.)를 심었다. 열정적인 작업은 불과 20분 만에 끝났지만 그 장소의 우울한 분위기는 한결 밝아진 듯했다고 한다. 미국 휴스턴에 사는 버지니아(Virginia) 501은 몇 달 전 남편이 죽은 길가에 자녀들과 함께 해바라기(*Helianthus annus*)를 심을 예정이라고 했다. 그녀는 남편의 생일을 게릴라 가드닝 날짜로 택했다.

폴(Paul) 1119는 영국과 미국에 걸쳐 지속적이고도 인상적으로 벌이는 예술 프로젝트 방법으로 게릴라 가드닝을 택했다. 먼저 동성애자들에 대한 공격이 벌어진 장소를 표시하기 위해 영국 맨체스터에서 팬지(*Viola wittrockiana*)를 심는 것으로 시작했다(팬지는 영어를 사용하는 나라에서 남자 동성애자를 가리키는 은어로 쓰인다).

폴은 동성애자들을 향한 언어적인 공격과 신체적인 공격에 관한 경찰 기록을 바탕으로 길가와 나무 아래 갈라진 틈, 담장 아래 등에 팬지를 심어 화단의 빈곳을 메웠다. 그리고 각 장소를 사진에 담아 그곳에서 일어난 사건에 따라 이름을 붙였다. 슈퍼마켓 세인즈베리(Sainsbury's)에 접한 옥스퍼드로(路)(Oxford Road)의 아름다운 포도주색 팬지 사진에는 "패거트!……푸프스!……퀴어스!"(모두 남자 동성애자를 부르는 속어)라고 썼다. 그로브너가(Grosvenor Street)의 눈 녹은 틈새에 다소곳이 핀 옅은 복숭아색 팬지에는 이런 제목을 붙였다. "게이 놈들 때려잡으러 갈 시간이야. 안 그래?" 폴의 팬지 프로젝트는 영국과 미국의 여러 문화 관련 기관들의 지원을 얻어내면서 합법적인 활동으로 인정받았다. 그리고 지금은 웹사이트까지 운영하고 있다(ThePansyProject.com).

2007년 3월 폴은 런던 레즈비언 앤드 게이 필름 페스티벌의 후원으로 사우스뱅크(South Bank)의 퀸즈워크(Queen's Walk) 거리에 팬지를 심었다. 그곳은 2004년 데이비드 멀리(David Morley)가 피살된 장소인데, 동성애에 적대적인 사람이 저지른 일이라는 게 중론이었다. 그곳에서 폴은 가로수 보호시설과 화단의 빈틈에 팬지를 심기도 하고 젖은 검정 스타킹으로 만든 리본, 쓰레기통과 장애물 기둥 둘레를 임시로 막아 만든 화분 등에도 팬지를 심었다.

2008년 10월 나는 러시아 모스크바의 크렘린궁 바로 곁에 있는 알렉산드롭스키 정원에 누군가를 추모하는 묘목을 심었다. 영국인 제라드 윈스탠리(Gerrard Winstanley)를 기념하기 위해 모스크바에 사는 예카테리나(Ekaterina) 1244와 함께 붉은색 튤립(*Tulipa*) 구근을 심은 것이다. 그곳에서 가까운 제3 인터내셔널 기념탑도 17세기 게릴라 가드닝의 선구자인 그를 기념하고 있다.

해바라기로 말하자

우리가 싸우는 여러 가지 이유를 요약하는 게릴라 가드닝 프로젝트라고 할 수 있는 것은 브뤼셀의 지라솔(Girasol) 829가 시작한 해바라기 프로젝트다. 2006년 봄 그는 미술학교에서 만난 친구 세 명과 함께 게릴라 가드닝을 직업 이외에 함께 할 수 있는 활동으로 여기게 되었다. 시작할 무렵 그들은 프로젝트를 통해서 실제 환경과 온라인 환경을 연결하고 양쪽을 모두 바꾸어놓기로 했다. 그래서 도시 곳곳에 해바라기(*Helianthus annuus*)를 심고 전 세계 많은 사람들에게도 그렇게 하도록 권하기로 했다. 그들은 '브뤼셀의 농부'라는 이름으로 활동할 예정이었다.

지라솔은 자이언트 해바라기야말로 게릴라 가드닝을 위해 완

| 2004년 데이비드 멀리가 피살된 곳에서 자라는 팬지(런던 사우스뱅크의 퀸즈워크 거리)

| 5월 1일을 '세계 해바라기 게릴라의 날'로 기념하기 위해 많은 사람들이 해바라기를 심었다

벽한 꽃이라고 생각한다. 심은 뒤 시간이 얼마 지나지 않아도 눈에 잘 띌 정도로 자랄 뿐 아니라 자신들이 계획하는 '가상, 현실을 만나다'라는 예술 프로젝트의 사진을 찍기도 쉽다. 더구나 자이언트 해바라기는 심기 쉽고 비용이 많이 들지 않는다. 그리고 상징적인 의미도 풍부하다. '브뤼셀의 농부' 웹사이트(Brussels-Farmer.blogspot.com)에 실린 선언문은 왜 해바라기가 도시의 문제를 해결하는 해독제가 되는지 다음과 같이 설명한다. 해바라기의 색깔과 커다란 얼굴은 긍정적인 느낌을 이끌어내고 그 씨앗은 친환경적인 바이오디젤 연료와 새 먹이가 되며 쓰임새가 무척 다양하고 외부의 도움 없이 스스로 생장한다. 해바라기의 아름다움, 생산력, 공동체 정신, 폭넓은 낙관주의가 프로젝트를 통해서 전하려는 메시지라는 것이다.

2007년 지라솔은 5월 1일을 세계 해바라기 게릴라의 날로 선포하면서 프랑스 보르도(Bordeaux)와 파리, 네덜란드 에인트호번(Eindhoven), 영국 런던 등지의 게릴라 가드너들이 조직적으로 참여하도록 권했다. 나도 이 기념일이 계속되기를 기대한다. 2008년 5월 6일, 라일라(Lyla) 1046과 나는 국회의사당 건너편이라는 상징적인 장소에 빠르고도 극적으로 게릴라 가든을 만들면서 해바라기를 심었다. 웃자란 장미를 비롯한 덩굴식물로 가득한 화단에 자이언트 해바라기를 100송이쯤 심고 가끔 잡초를 뽑아주었다. 그랬더니 8월이 되자 해바라기는 화단 가득 커다랗게 자랐고, 행인들은 사진을 찍으려고 걸음을 멈추었다. 작은 노력으로 상당히 큰 효과를 낸 것이다.

예술가와 철학자들은 게릴라 가드닝을 지지할 수밖에 없는 활동으로 여긴다. 사회적 행위인 창조성은 상황주의자 인터내셔널(Situationist International) 운동이 궁극적인 목표로 여기는 것이었다. 네덜란드 화가 콘스탄트 니위벤허이스(Constant Nieuwenhuys)는 1956년에 쓴 글에서 '신 바빌론'이라는 상상속의 문명을 묘사한다. 그곳에서 인간은 물건을 생산하는 일에서 해방되며 손쉬운 여행과 효율적인 통신 덕분에 온종일 놀고 창의적인 활동을 할 수 있게 된다. '생각하는 인간'은 '놀이하는 인간'(Homo ludnes, 호모 루덴스)이 되는 것이다.

우리 가운데 많은 사람들은 역사상 어느 때보다 '놀이'를 하는 시간이 길 것이다. 그러나 게릴라 가드너들만이 상황주의자들이 전망한 진정한 유토피아에서 산다고 생각한다. 니위벤허이스가 1974년 전시회 도록에서 쓴 것처럼, 신바빌론의 주민들은 "구경꾼의 소극적인 태도에서 벗어나 세계를 움직이고 변화시키고 새로이 창조해나갈 힘을 확신하는 가운데 유유자적한다. 창조적인 행위를 하다가 언젠가 그의 동료들과 직접 만난다. 그가 하는 행동은 모두 공개되며 누구나 다른 사람과 같은 환경에서 행동하면서 즉각적인 반응을 이끌어낸다." (알쏭달쏭한 이야기이긴 하지만.)

메소포타미아에 있던 옛 바빌론은 고대 세계의 일곱 가지 불가사의 가운데 하나인 '공중 정원'으로 유명하다. 그것은 사라지고 없지만, 누구나 자기가 사는 곳을 신바빌론으로 여기면서 경외심을 불러일으키는 꽃밭을 만들어보기를 권한다.

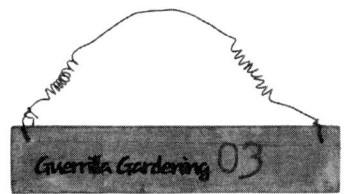

우리는 무엇과 싸우는가

게릴라 가드너들이 싸우는 대상은 보통 두 가지다. 그것은 사람이나 단체가 아니고 우리를 둘러싼 환경이 처해 있는 두 가지 상태로, '모자라고' '내버려둔' 상태가 그것들이다. 그리고 이 두 가지 문제는 모두 우리가 땅을 사용하는 방법 때문에 생긴다. 이 둘은 어떻게 보면 서로 모순된 개념이다. 땅이 모자라면 버려둘 리가 없고 땅이 내버려진다면 그곳에는 땅이 모자라지 않는다는 뜻일 테니 말이다. 하지만 세상이 언제나 논리에 맞게 돌아가는 건 아니다. 인구 분포는 땅에서 얻을 수 있는 것과 보조를 맞추지 않는다. 법과 규정은 땅을 원하는 사람들이 버려진 공간을 사용하지 못하도록 막는다.

게릴라 가드너들은 그런 법과 규정을 간단히 무시하는 것으로 그 모순을 해결하고, 그렇게 하는 과정에서 즐거움을 얻는다. 게릴라 가드너가 남의 땅에 허락 없이 식물을 심을 때 부딪치는 문제는 사람이 아니라 환경 자체다. 따라서 게릴라 가드닝은 분쟁을 해결하는 데 도움이 되는 경우가 더 많은 방법이다.

많은 언제나 보자란다

땅은 유한한 자원이다. 인구가 늘어나고 그에 따라 소비도 늘어나는 바람에 우리가 사는 데 필요한 것들을 모두 공급한다는 것은 지구로서는 엄청난 압박이다. 우리의 요구는 지구가 줄 수 있는 것보다 더 많다. WWF(World Wide Fund for Nature 세계자연보호기금)의 조사에 따르면 한 사람이 생태계에서 사용하는 땅은 2.2헥타르이며 증가 추세에 있다. 그런데 자연이 감당할 수 있는('지속가능한') 수준은 1.8헥타르라고 한다. 예전에 땅속에 묻힌 화석연료를 얻으려고 한 번 파헤친 곳, 다시 말해서 경작할 수 없던 곳에 이제 다시 식물을 심으라고 권장한다. 그러기 위해서라면 더 값진 공간을 차지해도 좋다고 한다. 나무를 심어 탄소 소비를 상쇄하려면 그 탄소를 만들어낸 것보다 더 넓은 공간이 있어야 한다. 새로운 땅을 만들어낸다면 그것은 공급 부족이라는 문제를 해결하는 한 가지 방법이 된다(두바이 주메이라 해안에 만드는 300개의 섬은 억만장자들을 위한 시설로 'The World, 세계'라는 이름이 붙어 있다). 그렇지만 지구 온난화로 해수면이 높아지는 지금 상황에서는 이 방법도 문제가 있다.

  토지의 부족이 문제가 되는 이유는 그 소유가 균등하게 이루어져 있지 않기 때문이다. 수치들을 봐도 그렇다.

- 전 세계 모든 경작지를 66억 인류에게 똑같이 나눠준다면 사람마다 약 $2000m^2$가 돌아간다. 이것은 축구경기장의 절반 그리고 런던 중심에 있는 영국 왕실 저택의 왕세자 정원 넓이와 같다.
- 이 분배에 경작하지 않는 땅을 포함시키면—남극은 얼음으로 뒤덮여 있어서 빼더라도—한 사람에게 돌아가는 땅은 $20000m^2$ 이상이다. 이 정도면 뉴욕 센트럴파크의 동물원 넓이다.
- 케빈 케이힐(Kevin Cahill)은 광범위한 내용을 담은 저서 『누가 세계의 주인인가?』에서 이렇게 말한다. 인류의 15%에 지나지 않는 사람들이 1억 4800만 제곱킬로미터에 이르는 전 세계 땅을 차지하고 있다. 법과 규정들은 나머지 사람들이 정원을 꾸미는 등 땅을 이용하려면 소유자들의 허락을 받아야 한다고 정하고 있다.
- 인구의 과반수가 땅을 소유하고 있는 나라에서도 그런 사람들은 소수에 불과하다. 영국인 가운데 69%가 땅과 관련된 자신을 가지고 있기는 하지만, 0.3%의 사람들이 영국 토지의 69%를 가지고 있다. 영국인의 89%에 달하는 사람들은 인구가 과밀한 도시에 사는데, 그들이 차지하고 있는 생활공간은

평균 280㎡에 지나지 않는다.

| 하지만 그 따위 평균이라는 말은 허망하기 짝이 없는 표현이다. 나는 280㎡(일본 도쿄의 리츠칼튼 호텔 53층 스위트 넓이)만 있어도 좋겠다. 지금 40㎡에 정원이라고는 손톱만치도 없는 곳에 사는 나로서는 말이다.

물론 다른 사람보다 더 넓은 주거지가 필요한 사람도 있다. 하지만 땅을 둘러싼 권리가 불평등하게 구성되어 있다는 사실은 어떤 식으로도 정당화할 수 없다. 아파르트헤이트(인종차별) 시절 남아프리카공화국에서는 다수를 차지하는 흑인이 국토의 13%에 해당하는 지역을 벗어나서 거주할 수 없었고, 소수인종인 백인이 87%를 가지고 있었다. 아파르트헤이트가 사라진 지금도 국토의 85%는 백인이 소유하고 있다. '워온원트'(War on Want, WarOnWant.org)라는 단체의 발표에 의하면 브라질에서는 토지 소유자의 3%가 경작지의 3분의 2를 소유하고 있다. 적어도 1200만 명은 땅이 없고 아마존 강 유역을 빼고도 경작하지 않고 버려둔 땅은 8000만 헥타르에 이른다. 이렇게 서로 모순된 두 가지 사실 때문에 어쩔 수 없이 브라질은 세계에서 게릴라 가드닝이 가장 활발하게 이루어지는 나라가 되었다.

인간은 땅을 필요에 따라 나누지 않고 오로지 재정상의 자산으로 사용한다. 땅 주인들은 자기 땅에서 아무것도 하지 않고 내버려두어도 땅을 가지고 있다는 것만으로 돈을 번다. 땅값이 오를 때까지 기다리면 되기 때문이다. 그런 땅 주인들에게 집을 임차

| 브라질 플랜테이션의 성난 소작농들

하는 세입자들은 꽃밭을 가꾸기에는 도무지 이상적이라고 할 수 없는 상황에 놓이게 된다. 세입자는 먼저 입주 기간이 한정되어 있다는 것, 집을 임차하는 것은 쉽게 조건을 바꿀 수 있는 투자가 아니라는 것, 꽃밭을 가꾼 덕분에 자산 가치가 늘어난 부분은 땅 주인의 몫이라는 것 등을 받아들여야 한다. 결국 꽃밭을 가꾸는 사람은 스스로 집세를 올리는 꼴이 된다. 세입자가 꽃밭을 가꾸기 위한 허락을 얻지 못하는 경우도 있다. 그러면 그 세입자는 자기가 사는 집 뒤뜰에서 게릴라 가드너가 되고 만다! 그러다 이사를 하면 심었던 나무를 캐내어가기만 하면 된다. 리지(Lizzie) 002는 커다랗게 자란 솔리아(*Sollya heterophylla*)를 포함해서 열다섯 개나 되는 재배용기를 세 들어 살던 아파트에서 새로 세를 얻은 잉글랜드 동남부 지방의 다른 아파트로 옮겨야 했다. 크리스틴(Christine) 1625는 복스홀(Vauxhall) 지역의 셋집에서 수국(*Hydrangea macrophylla*) 화

분 두 개를 구출하도록 도와달라고 나에게 전화를 했다. 새로 들어오는 사람은 수국을 말려죽일 게 뻔해서 도저히 그냥 두고 나올 수 없다는 것이었다.

도시화가 심해지면서 지역에 따른 인구분포는 점점 불균등하게 되어왔다. 2006년 무렵부터는 세계 인구의 절반이 도시에 살고 있으며, 2050년이 되면 도시거주자의 비율은 4분의 3이 되리라고 예상한다. 도시는 일자리가 있는 장소이자 우리에게 허용된 주거 공간이다. 거의 모든 나라의 정부는 도시 인구가 늘어나기를 기대한다. 도시 인구가 늘어나면 사회가 더 효율적으로 돌아간다고 생각하기 때문이다. 그러니 농촌 지역의 인구가 늘어나지 않도록 압력을 가한다.

도시는 활기가 넘치는 공간이다. 하지만 인구가 과밀한 도시에 살려면 꽃밭을 포기해야 한다. 제3세계의 도시들은 특히 더 과밀한 상태다. 2003년 기준으로 개발도상국들의 도시 인구 가운데 약 20%(약 4억 명)는 '지나치게 작은 주거 공간'에 산다. 달리 말하면 세 명 이상이 침실 하나를 나누어 쓴다는 것이다. 이집트 수도 카이로의 1km^3 당 인구밀도는 34000명이다. 도시에는 땅이 절대로 모자란다. 그래서 어떤 모습의 꽃밭이든, 심지어 게릴라 가든조차 흔하지 않다. 예를 들어 카이로에서는 게릴라 가드닝보다는 게릴라 하우징(guerilla housing)이 더 다급한 일이다. 그곳에서는 주민의 60% 가량이 '무허가 주택'에 살고 있는데, 그 가운데는 14층짜리 건물도 있다.

나는 세계에서 가장 심하게 도시화가 이루어진 나라, 유럽에서 가장 큰 도시에 산다. 런던의 1㎢ 당 인구밀도는 4500명에 지나지 않고 전체 도시 면적의 반이 공공녹지이긴 하지만, 꽃밭을 가지기란 쉽지 않다. 이 도시에 살기를 원하는 사람이 많아서 주택(그리고 덩달아 정원까지) 가격은 천문학적으로 높다. 현재는 집값이 떨어지고는 있지만, 얻기 쉬운 대출 통로도 함께 줄어드는 바람에 집을 사기란 여전히 어렵다. 토지 소유 자체에 제한이 있고 그나마 소유가 가능한 토지도 도시계획에 따라 제약을 받는다. 이 두 가지 한계 때문에 땅이 부족한 세대가 생겨나고, 그 결과 지금 내가 살고 있는 고층 아파트 같은 과밀주거시설이 생길 수밖에 없는 것이 현실이다. 그런 고층 아파트에서는 창문에 화분을 매다는 것조차 금지되어 있다.

 이곳에 사는 누구에게나 꽃밭은 누리기 힘든 호사다. 주차장을 갖는 것만큼 호사스럽다고 할 수 있다. 근래에 많은 런던 주민들은 집 앞마당에 아스팔트를 깔아서 주차장으로 만들었다. 시에서 임대하는 텃밭도 얻기가 어려워졌다. 30년 전에는 그런 텃밭 가운데 수백만 제곱미터가 사용도 하지 않고 버려졌고, 이에 행정기관은 그런 장소에 건물을 지었다. 하지만 오늘날 영국에서 33만 곳에 이르는 임대용 텃밭 가운데 사용하지 않고 버려진 곳은 거의 없다.

 개인 꽃밭을 만들 공간이 부족하다는 사실 때문에 사람들은 다른 곳을 돌아보게 된다. 온실이나 창턱, 발코니 등이 그런 장소다. 그리고 집안에 눈길을 돌려 실내용 수목 전문가가 되기도 한다(나의 이웃 조지는 선인장과 베고니아를 엄청나게 많이 키운다). 그렇지 않으면 프랑스인 파트리크 블랑(Patrick Blanc)에게서 영감을 얻어

벽에 부직포를 드리우고 그 천에 뿌리를 내리는 식물을 심어 '식물로 덮인 벽'(le mur végétal)을 만들어야 할까?

게릴라 가드너들은 이런 대리만족을 거부한다. 그 대신 자기가 사는 곳 근처에서 찾을 수 있는 땅 조각들을 이용한다. 도시의 과밀화에 대응하는 방법으로 꽃밭을 늘리자는 것이다. 이런 노력을 통해서 우리가 보여주고자 하는 것은, 사회가 과밀화된 도시냐 아니면 꽃밭이 가득한 도시냐를 두고 하나를 선택해야 하는 건 아니라는 사실이다.

땅이 부족한 현실은 사람들을 게릴라 가드닝이라는 활동으로 내몰 뿐 아니라 그들이 이미 만들어놓은 꽃밭도 위협한다. 게릴라 가든은 땅 주인이 그 존재를 모르거나 달리 더 나은 사용 방법이 없을 경우에만 용납된다. 그래서 상황은 언제든지 바뀔 수 있다. 1970년대 뉴욕에서 만들어진 게릴라 가든들은 곧 행정기관에 의해 합법화되었는데, 그렇다고 그 정원들이 안전한 건 아니었다. 퍼플(Purple) 321이 만든 '에덴 정원'은 1985년 저소득층을 위한 주택을 짓느라 철거되었다. 1990년대 중반에 이르도록 다른 정원들도 줄리아니(Giuliani) 시장의 눈에는 아무런 경제적 의미가 없는 것이었다. 1994년도 시 토지국의 조사는 주택 건설을 위해서 정원 300군데를 없애야 한다고 결론을 내렸다. 정원은 우선권이 있는 부동산이었다. 그래서 이제는 방치가 아니라 개발을 상대로 싸우게 된 것이었다. 프랑스 파리 제20구의 황량한 변두리 동네에 있던 자르댕 솔리데르(Jardin Solidaire, 연대의 정원)의 게릴라 가드너들도 같은 문제에 부딪쳤다. 만들어지고 5년 동안 빛을 발하던

| 퍼플 321이 만든 '에덴정원'(그는 1983년 뉴욕 포시트가 184번지 건물 뒤편 1400㎡나 되는 땅에 이 믿기지 않게 아름다운 정원을 만들었다)

그 정원은 2005년 체육관과 지하주차장 공사 때문에 사라져야 했던 것이다.

2006년 미국 로스앤젤레스의 사우스 센트럴(South Central) 지역에서는 흑인과 라티노 공동체가 가꾸던 56000m^2나 되는 엄청난 규모의 유기농 커뮤니티 가든이 불도저의 희생물이 되고 말았다. 한때 소각로 건설이 예정되었던 황무지였지만 공동체의 노력으로 피피차(pipicha, *Porophyllum tageroides*), 리떼(quelite, *Coriandrum sativum*), 긴털비름(*Amaranthus hybridus*) 같은 라틴아메리카산(産) 식물과 500 그루에 달하는 어린 나무의 안식처로 바뀌어 적어도 350명을 먹여 살렸다. 그 정원은 로드니 킹(Rodney King) 살해사건의 악몽을 겪던 시기에 행정기관과 지역 공동체가 함께 만든 것으로 지역의 생활 환경과 분위기를 향상시키는 데 일조했다. 하지만 시간이 흐르면서 정원은 시당국과 어느 개발업자 사이의 소유권 분쟁에 휘말렸고, 할리우드의 저명인사들과 자선단체들의 강력한 재정 지원에도 불구하고 공동체는 그곳을 내놓아야 했다. 그러자 공동체 주민들은 게릴라 전술에 눈을 돌렸다. 그들은 촛불을 들고 철야경계를 서고 만월에는 600명이 자전거 시위를 조직해서 '농장을 구하자!'를 외치며 다니고 자신들의 몸을 정원 시설에 묶기도 했다. 2006년 6월 13일 이른 아침, 로스앤젤레스 카운티 경찰이 시위자들을 정원에서 몰아내려고 왔다. 대다수 시위자들은 저항하지 않고 물러났지만 배우인 대릴(Daryl) 1976과 존(John) 1977은 호두나무에 올라가 버티다가 끌려갔다. 몇몇 시위자들은 몽둥이로 두들겨 맞기도 했다. 그 자리에 새로 창고 건물이 지어지기 시작하자 시위자 몇몇이 불도저에 자신들의 몸을 묶어 마지막으로 건설 공사를 막아보려고 했지만 소용이 없었다.

땅이 모자란다는 것은 구체적으로 증명할 수도 있는 사실이긴 하지만, 무엇인가가 부족하다는 것은 형체가 없는 추상적인 적이다. 그렇게 부족을 적으로 여기면 남의 땅을 목표로 삼는 것이 훨씬 설득력 있게 된다. 우리에게 땅이 얼마만큼 부족한지 확인한 뒤 스스로 감당할 수 있는 만큼 차지하는 것이다. 그렇지만 꽃을 가꿀 공간이 부족하다는 사실을 유일한 적으로 삼으면 오래가는 꽃밭을 만들기에는 별로 적절하지 않은 곳을 선택할 위험이 더 높아진다. 그래서 나는 쓰지 않고 내버려둔 땅을 공격하는 데 집중하라고 권한다. 버려진 땅은 실체가 있는 적이고, 그런 적을 상대하면 사람들의 지지가 우리 쪽으로 향할 가능성이 크니까!

방치된 땅의 역사

"쇠스랑과 꽃으로 쓰레기와 싸우자!"라는 게 내가 게릴라 가드닝 홈페이지에 올린 구호다. 쓰레기, 특히 공공장소에 버려진 쓰레기는 게릴라 가드너들이 하나가 되어 맞서 싸우는 적이다. 쓰레기가 쌓인 버려진 장소, 잡초로 가득한 도로변, 담배꽁초 투성이 벤치처럼 손을 보지 않고 방치해둔 장소는 주민들의 수치다.

사용하지 않고 버려둔 땅은 공간의 낭비다. 그건 공해이며 흉한 광경이다. 방치된 땅은 공동체가 자긍심과 결속력을 잃어버렸음을 보여준다. 집을 벗어난 공간이 매력적이지 않고 오히려 두려움만 불러일으킨다면 주민들은 문을 닫고 들어앉아 있으려고 할 것이다. 제대로 손질한 외부 공간은 사람이 사는 공간, 사람들이 서로 만나는 확장된 개인 공간이 된다. 하지만 내버려두면 그것은 죽은 공간이 되고 만다. 이렇듯 우리 주변을 방치하는 것은 지켜보는 눈길을 피해서 턱밑까지 쳐들어오는 영악한 적이다. 누구든 자신의 개인 공간을 책임지도록 권고를 받는 것과는 달리 공공장소는 눈에 보이지 않는 감독자, 선의를 가지고 우리에게 통로를 제공하는 제3의 존재를 의미하는 게 보통이다. 하지만 공간이란 정말 공공의 것이어서, 우리는 그것을 손보거나 제대로 사용할 책임이 있다.

결국 공용 공간이 방치되는 것은 책임을 다른 사람에게 미루기 때문이다. 모범 시민은 주변 환경에 발자국만 남기고 사진만 찍어오지만, 다른 사람들은 쓰레기를 남기고 뭐든 망가뜨린다. 자연의 힘이 바람과 비로 사물을 깎아 새로운 모습으로 만들어내면 우리는 그것들을 잘 손보고 지켜야 한다. 대부분의 사회에서는 시민들이 공적인 공간을 가꾸기를 기대하지 않는다. 그들은 그저 쓰레기만 쓰레기통에 던져 넣으면 그만이고, 다음 일은 다른 사람의 몫으로 남긴다. 그렇게 미루다보면 공공장소든 개인 소유인 곳이든 아무도 손을 대지 않게 된다. 이런 일이 벌어지는 이유는 수없이 많다. 그리고 그런 이유들을 알면 우리 게릴라 가드너들은 더욱 분발할 것이다.

관심을 끌지 못하는 땅

 관심을 끌지 못하는 이유는 땅주인의 우선순위에서 밀리기 때문이다. 공유지의 경우라면 시간과 돈을 두고 경쟁하는 여러 목적 가운데 하나가 바로 그런 이유가 될 것이다. 선거(물론 민주적인 사회라는 전제 아래)를 이기도록 해주는 것은 개개인에게 확실한 영향력을 행사하리라고 여겨지는 정책들이다. 예를 들어 고용 기회, 세금, 교육과 의료 혜택, 이동 가능성, 안전, 이민 등에 관한 정책이 그런 것들이다. 어디에 잔디를 더 심었다고 선거에서 이기는 건 아니란 얘기다.

 내가 사는 도시야말로 전형적으로 그런 곳이다. 런던에는 사람들이 별로 관심을 두지 않는 땅이 정말 많다. 그리고 그런 땅 가운데 큰 부분은 지역 행정기관에 속한다. 행정기관들은 그런 땅으로 할 수 있는 것이 무엇인지 너무나 잘 알고 있다. 다만 아는 대로 실행하지 않을 뿐이다. 공공 정원들과 핵심 관광지를 빼면 전체적으로 보아 환경은 텅 비어 있는 뒷마당, 모든 걸 다 처리하고 난 뒤에야 신경 쓰고 돈을 들이면 되는 것쯤으로 여겨진다.

 이런 태도는 우리가 집 안 장식을 생각할 때도 나타난다. 집 안을 장식하는 일은 음식, 가구, 난방, 위생시설 등이 모두 해결된 뒤 신경 써야 하는 것으로 여긴다. 홍수로 집이 망가지고 나면 먼저 피해를 입은 것부터 해결한 뒤에야 집 안을 꾸밀 생각을 하는 것처럼, 공유지를 아름답게 유지하는 일은 그보다 더 정치적인 사안과 관계가 있을 때만 관심사가 된다.

 내가 사는 곳 가까이에는 템스 강 아래를 지나는 로더히드(Rotherhithe)

터널 남쪽 출구가 있는데, 그곳 관목이 우거진 장소는 덤불 속에서 매매춘을 하는 여성들이 발견된 뒤 뉴스 머리기사를 장식했다. 이 덤불은 원래 사람들의 이목을 끌지 않는 상록관목들이 뒤엉킨 곳이었다. 그리고 매매춘 문제가 불거질 때까지는 조경을 하는 기미도 보이지 않았다. 그러다가 좀 더 녹색이 넘치는 공간으로 바뀌기는커녕 적선지역으로 주목받게 된 것이다.

여러분은 행정기관이 나무에 물을 주는 정도는 일도 아니라고 생각할지도 모른다. 하지만 그런 일에는 깜짝 놀랄 만큼 비용이 많이 든다. 런던교통공사(Transport for London)의 조경 관련 하청업체를 하는 필 허스트(Phil Hurst)는 내게 이런 이야기를 했다. 4차선 간선도로인 올드켄트로드(Old Kent Road)의 중앙분리대에 자라는 줄사철나무(*Euonymus fortunei*)에 물을 주는 데는 한 번에 600파운드가 든다(급수차 비용, 인건비, 작업자의 안전을 위해 두 차선을 막는 비용 포함). 이 돈이면 일반 묘목상에서 줄사철나무를 150 그루 살 수 있다. 그래서 자주 물을 주지 않는다. 그렇게 나무들은 자연에 내맡겨지고, 강한 놈은 살아남고 나머지는 죽는다. 그리고 죽은 나무의 가지들은 바람에 날려 다니다 걸린 비닐봉지들로 뒤덮인다.

내가 서더크(Southwark) 구청 토지관리 담당자에게 페로넷 하우스(Perronet House) 바깥쪽에 정원을 만든 사람이 누구냐고 묻자(당연히 나였는데) 그는 "날씨의 작품이죠"라고 대답했다. (아무리 날씨가 도운다고 해도 관목들 가지를 쳐내려면 허리케인 정도는 되어야 할 것이다.) 웨스트민스터(Westminster) 구청 수목 담당자는 나무를 너무 많이 심지 않도록 무척 애를 쓴다는 얘기를 나에게 했다. 그렇게 하지 않으면 나무를 많이 심었다는 걸 사람들이 알아채고는 일부러 묘목들을 망가뜨리는 일이 벌어질 수도 있다는 것이었다. (어쨌든 많이 심을수록 살아남는 나무의 수도 늘어나는 것 아닐까?)

깔끔한 앵초(*Primula* 'Blairside Yellow') 이랑과 똘똘한 학생들로 가득한 학급 가운데 어디에 투자를 할 것인지 선택할 수 있다면 누구라도 후자를 택할 것이다. 하지만 행정기관들에게서 앞에서 말한 그런 부담을 덜어내어 준다면 그들은 이 둘 가운데 어느 하나를 택하는 따위 곤란한 결정은 안 해도 될 것이다. 물론 훌륭한 공원과 멋진 휴식 공간들을 관리하는 공공기관들은 있어야 하지만, 도로변, 식목용기, 나무보호시설, 근린공원처럼 지역 여기저기에 흩어져 있는 장소들은 우리 같은 개인이나 지역 공동체가 떠맡을 수 있다.

사유지의 주인들도 자기 땅을 전혀 돌보지 않고 내버려둔다. 사는 곳과 사유지가 멀리 떨어져 있으면 더욱 그렇다. 그들은 그 공간에서 아무것도 얻어낼 필요를 못 느끼고 또 그 땅이 속한 지역 공동체에 대해서도 아무런 책임이 없다. 그런 땅은 소유자들이 돈을 들이거나 남에게 팔 가치가 없다고 결론을 내린 자산일 따름이다. 은행 개인금고에 맡겨놓은 귀금속이나 마찬가지라고 할 수 있다. 하지만 은행에 맡겨둔 귀금속과는 다른 점도 있다. 땅은 금괴처럼 다른 곳으로 옮기거나 금고 안에 숨길 수 없다는 것, 그래서 그런 땅은 모든 사람이 견뎌내야 하는 흉물이라는 사실이다. 다행히도 그런 땅덩어리들은 포트녹스(Fort Knox, 미국 켄터키 주 포트녹스 군부대에 인접한 미국연방정부 금보관소의 별명) 수준으로 봉쇄되어 있지는 않아서 게릴라 가드너들이 얼마든지 공격할 수 있는 상태다.

완전히 잊힌 땅을 찾아라

관심사에서 멀어진 땅보다 더 비극적인 땅은 완전히 잊힌 상태로 팽개쳐진 땅이다. 어떤 관리의 손길도 닿지 않는 그런 땅은 장기간 엉뚱하게 사용되거나 심지어 다른 사유지 주인들이 슬쩍 차지하기도 한다. 도로변 땅이나 도로 때문에 섬처럼 고립된 땅이 그렇게 될 가능성이 높다. 그런 땅 조각들은 둘레에 담장을 치거나 공원으로 만들거나 매각하거나 건물을 짓기에는 너무 작고 일상적인 도로관리의 범위에 포함시키기에는 너무 크거나 모양이 반듯하지 못하기 때문이다. 샌프란시스코에 사는 저스틴(Justin) 734는 스태니언(Stanyan) 가와 풀턴(Fulton) 가가 만나는 곳에서 자신이 게릴라 가드닝을 하는 92m^2쯤 되는 땅이야말로 "집을 짓기에는 너무 좁고 그렇다고 지금처럼 내버려두기에는 너무 넓다"고 말한다. 그곳은 원래 잡초가 우거진 데다 자동차 부품, 쓰레기, 마약하는 바늘, 깨진 병으로 가득한 땅이었다. 그곳을 본 저스틴은 딱 좋은 기회라고 생각하고 잠두(*Vicia faba*), 마늘(*Allium sativum*), 돼지감자(*Helianthus tuberosus*), 비파나무(*Eriobotrya japonica*) 등을 가득 심었다.

무언가의 가장자리에 있는 땅들도 주인의 우선순위 리스트에서 너무 낮은 곳으로 밀리는 바람에 잊히기 십상이다. 예를 들어 해크니(Hackney) 구에서는 많은 도로변 땅과 화단을 포함해서 울타리를 치지 않은 공유지는 도로공사 관할에 속한다. 해크니 구청

| 런던의 게릴라 가드너들은 웨스트민스터 브리지 가의 교통안전 지대에서 자라는 라벤더 사이에 튤립을 심어 '일 드 프랑스'라는 불법 랜드마크를 만들었다

홈페이지에서는 "잡초를 베는 것은 조경을 위해서라기보다는 고속도로 안전을 위한 것이다"라고 하면서 가장자리 땅이 중요도가 아주 낮다는 사실을 인정하고 있다. 온라인으로 확인할 수 있는 작업 스케줄을 보면 최근까지도 그런 가장자리 땅에 대한 관리 작업은 아주 드물게 이루어졌다. 적어도 지난 3년 동안 작업 스케줄은 이렇게 표시되어 있었다. "구청은 구청 소속 토지의 하절기 풀베기를 (횟수를 입력하시오) 번에 걸쳐 시행합니다." 땅도 홈페이지도 모두 주인을 잃어버린 꼴이었다! (그 지역에서 나도 참여한 두 군데 게릴라 가드닝 장소는 실제로 정말 지저분했다.) 그런 땅의 소유자에게 조경은 하지 않아도 될 행위, 집중력을 분산시키는 일, 불필요한 경비 지출에 지나지 않는다. 런던에서 내가 만난 환경미화원들까지도 포장도로가 아닌 장소에서 쓰레기를 줍는 것을 업무 범위를 벗어나는 일로 여긴다고 했다.

런던의 교통을 관리하는 교통공사는 도로 가장자리 땅의 일부를 관할 대상에 포함시키고는 있지만, 공사의 버스 운행 기술은 조경에 쓰는 외바퀴 수레를 움직이는 데는 쓰이지 않는다. 뉴욕에서 그렇게 버려진 땅은 주택관리개발국의 관할이 되는데, 그 기관이 주택철거지역도 관리하기 때문이다.

결국 땅이 잊히는 이유는 많은 경우 경계와 관할 범위를 둘러싼 혼란 때문이다. 내가 웨스트민스터 브리지 가에서 게릴라 가든을 만든 교통섬은 행정구역 경계선에 놓여 있기 때문에 잊힌 경우다. 그곳은 150m^2 넓이의 삼각형 땅으로, 국회의사당에서 1.6km도 안 떨어진 복잡한 삼거리 한가운데에 있다. 교통섬은 자전거도로에 의해 두 조각으로 나뉘는데, 교통섬을 나누는 선이 바로 서더크와 램버스(Lambeth)의 경계선이기도 해서 교통섬의 관할 책임도 둘로 나뉜 상태다. 서로 이웃한 두 구청이 경쟁적으로 요란한 꽃나무를 심으며 조경을 하는 사이에 낀 그 교통섬은 임자 없는 땅으로 잊히고 만 것이다. 마구 파헤쳐진 교통섬에는 몇 해 동안 지저분한 캐비지트리(Cordyline australis)가 서 있었고 신호등에 걸려 멈춘 운전자들이 버린 쓰레기와 잡초로 가득했다. 그랬던 곳을 우리는 커다란 라벤더(Lavandula angustifolia)와 튤립(Tulipa) 정원으로 바꾸어놓았다. 게릴라 가드닝을 하는 거의 2년 동안 별다른 방해는 없었다.

시골에서는 누가 뭘 돌보는지 너무나 분명하게 보인다. 버킹엄셔(Buckinghamshire)의 하이 위컴(High Wycomb)에 사는 프레다(Freda) 850은 그녀의 집 담장 바깥에 있는 오솔길을 깔끔하게 단장하고 싶었다. 오솔길에는 담쟁이(Hedera helix)가 웃자라서 보기도 흉하고 자칫하면 담장을 넘어 집으로 들어올 기세였다. 프레다는 그곳에서 게릴라 가드닝을 해서 담쟁이를 쳐내고 월계수(Laurus nobilis), 홍자단(Cotoneaster horizontalis), 영국히아신스(Hyacinthoides non-scripta)를 심었다. 그런 다음 구청, 토지등기소, 지역 변호사, 온갖 도로를 관리하는 사람들에게 물어보았지만, 그 길의 관할이 어디인지 답을 듣는 데는 몇 달이 걸렸다.

누구 소유인지 모르는 상태가 오래 계속되면 땅은 내버려진다. 하지만 그런 상태는 동시에 게릴라 가드닝을 위해서는 훌륭한 출발점이 된다. 누구 소유인지 모르는 공간이라면 우리는 몰래 사용한다는 사실에 신경을 쓰지 않아도 된다. 문제가 생길 일이 별로 없을 것이기 때문이다. 주인이 엉뚱한 용도로 땅을 사용하는 경우와 비교해보면 누구 소유인지 모르는 땅은 우리가 돌보아주기를 기다리느라 버려진 것이나 마찬가지다. 게릴라 가드너들은 소유권을 둘러싼 불확실한 상태를 이용한다. 게릴라 가드너들의 손을 통해서 그런 땅의 모습이 달라지면, 소유권에 확신이 없는 땅 주인은 다른 땅 주인이 그렇게 했으리라고 오해한다. 그래서 다시 그 땅 생각은 잊어버리고 만다. 때때로 땅 주인 자신이 식물을 심었다고 착각하기도 한다. 런던교통국의 야간작업 업체 사람이 세인트 조지스 서커스(St George's Circus)에서 게릴라 가드닝 중인 우리와 마주치자 "왜 우리 묘목을 가지고 끼어들고 난리냐"고 따지고 드는 일도 있었다. 우리는 "여기에 나무를 심고 가꾼 지 벌써 3년째입니다"라고 정색을 하고 말했다. 그러자 놀라서 말문이 막힌 듯 조용히 도로보수공사를 계속했다.

쓰레기와 잡초뿐인 땅에 희망을!

방치된 땅은 끊임없이 쓰레기와 잡초로 덮인다. 정기적으로 방치의 흔적을 없애야 하는 이유가 그것이다. 쓰레기를 재활용해서 정원을 꾸미는 데 사용하는 경우도 있지만, 웬만한 경우라면 걸어서 쓰레기통에 버리는 게 최선이다. 잡초도 문제다. 정원을 돌보는 사람들에게 잡초는 '잘못 찾아와 자라는 식물'이므로 그것들을 박멸하기 위해 갖은 방법을 다 쓴다. 잡초는 미친 듯이 번식하는 게 보통이어서 우리가 심을 것들로 채워져야 할 공간의 숨통을 조인다. 토착 식물이든 외래종이든 잡초는 사람이 간섭하지만 않으면 비옥한 토양에 가장 잘 적응하는 종이다. 게릴라 가드너들이 방치된 땅을 접수한 뒤 가장 먼저 치우는 것이 잡초다. 그 뒤로 활동하는 동안에도 끊임없이 해야 하는 작업이다.

잡초를 치우는 일이 가장 즐겁다고 말하는 게릴라 가드너도 있다. 그런 동료들에게 뿌리째 뽑혀 시들어가는 잡초 더미 옆에 새로 드러난 깨끗한 갈색 흙은 승리의 상징으로 보인다고 한다. 하지만 그런 이야기에 동조하지 않고 잡초의 힘을 포용하는 게릴라 가드너들도 있다. 자칫 황량할 수 있는 환경에 그토록 잘 적응하는 식물이라면 오히려 소중히 여겨야 한다는 것이 그들의 주장이다. 우리 사명이 장소를 가리지 않고 어디에든 정원을 만드는 것이라면 잡초라고 불리는 식물도 우리 무기고에 넣어주어야 할 것이다. 잡초를 받아들이는 사람들은 이렇게 말한다. "저 민들레 (*Taraxacum officinale*) 좀 봐. 노란 방울을 닮은 꽃도 그렇고 작은 씨를 품은 솜 같은 날개가 정말 예쁘지 않아? 묘하게 꼬인 왕바랭이 (*Elesine indica*)가 바지에 달라붙는 거, 신기하지?" 어쨌든 폭발하면 사방으로 번져나갈 시한폭탄 같은 민들레가 빽빽하게 모여 있는 것은 이론적으로는 정원 애호가들에게 섬뜩하고 무시무시한 광경이다.

내가 아는 게릴라 가드너 가운데는 잡초를 환영하는 사람이 둘이다. 그들은 잡초를 내버려둘 뿐 아니라 적극적으로 받아들인다. 헤더(Heather) 1986은 잡초를 안전한 피난처를 찾아 헤매는 난민으로 여긴다. 그녀는 잡초를 '갈피를 못 잡는 식물'로 새로이 정의한다. 있지 말아야 할 곳에 있다는 건 우리 눈에나 그렇다는 것이다. 자신이 운영하는 사이트 'WaywardPlants.org'를 통해서 그녀는 사람들이 꺼리는 모든 잡초에게 새로운 피난처를 찾아준다. 뉴욕 브루클린의 어느 커뮤니티 가든에서 내쫓긴 검은눈천인국(*Rudbeckia hirta*, 국화과 여러해살이풀)이나 매사추세츠 주 캠브리지(Cambridge)의 오솔길에서 뽑힌 자줏빛 부처꽃이 그런 경우다. 헤더는 내게 이렇게 말했다. "저는 식물 하나하나의 가치를 봅니다. 그래서 그것들에 숨어 있는 아름다움과 의미를 밖으로 끄집어내려고 애를 쓰는 거죠."

헬렌(Helen) 1106은 게릴라 가드닝의 수호천사라고 할 수 있다. 그녀는 불쌍한 잡초들에게 책임감을 느껴 보행자들 발길에 밟히지 않도록 보호시설을 만들어주고 있다. 그녀는 나에게 런던 화이트채플(Whitechaple)에서 도로의 콘크리트를 뚫고 나오는 개쑥갓(*Senecio vulgaris*)을 본 이야기를 했다. 잡초가 그런 살기 힘든 환경에 터를 잡는 방법과 그 위태로운 위치를 우아하게 지켜나가는 모습에 마음이 움직였다는 이야기였다. 그래서 단순히 그런 모습에 감탄하는 데 그치지 않고 그 풀 둘레에 작은 나무 담장을 보호시설 삼아 설치해서 다른 사람들도 그런 모습을 즐길 수 있도록 했다. 작은 담장은 금세 사라졌지만, 개쑥갓은 점점 크고 강하게 자라 다음 세대를 만들어낼 만큼 성숙해졌다. 헬렌은 자신의 작업과 그 결과를 더 상세하게 기록해서 인터넷 사이트(StoriesFrom Space.co.uk)에 올리면서 그 일을 '조용한 혁명'이라고 불렀다. 잡초를 아끼는 사람들에게 이상적인 세계란 사람들이 잡초를 그냥 내버려두거나 그렇지 않으면 다른 안전한 곳으로 옮겨 방해받지 않고 살아가게 하는 곳이다.

　방치된 땅은 콘크리트로 뒤덮여 있다고 하더라도 식물들이 틈새를 찾아내거나 바람에 실려 온 흙의 도움을 얻게 되면 꽃피는 땅으로 바뀐다. 이런 과정을 거치면서 그곳에는 놀라운 공간이 만들어지는데, 가장 유명한 사례로 뉴욕의 하이라인(High Line)을 들 수 있다. 이것은 1930년대 초에 화물열차용 고가철도로 만들어졌다가 1980년 무렵에는 방치되어 있었다. 맨해튼 로우어웨스트사이드(Lower West Side)의 10미터 허공에 남아 있는 2.4km 길이의 이 버려진 고가철도는 콘크리트와 자갈과 철근이 뒤섞인 덩어리에서 나무와 풀이 자라는 야생 초원으로 바뀌고 말았다. 이곳까지 와보는 사람은 별로 없었지만, 놀라운 하늘 오아시스가 만들어졌다는 소문에 자극을 받은 지역 주민들은 이 고가시설을 보존하기 위한 활동을 시작했다. 1999년 주민들은 '하이라인의 친구들'이라는 조직을 만들어 고가철도를 보존하고 누구나 즐길 수 있는 시설로 다시 활용하자고 주장했다.

　이 하이라인 이야기에서 그 다음에 벌어진 일은 우리에게 중요한 교훈을 준다. 하이라인을 자연 상태 그대로 보존하는 것은 그 활동에 참여한 대부분의 사람들의 의도가 아니었다. 그런 보존은 이 지역처럼 인구가 과밀하고 휴식 공간이 절실한 곳에서는 적절한 대책이 될 수도 없었다. 그들은 다만 줄리아니 시장이 철거 계획을 밀어붙여 성공을 거두는 모습을 그대로 두고 볼 수 없었던 것이다. 2002년 활동가들은 조경설계 전문가의 도움을 얻어 이

| 헬렌 1106이 포장도로에 자리 잡은 위태로운 개쑥갓에게 만들어준 거처

| 뉴욕 맨해튼의 하이라인(High Line) 고가철로

장소를 공중을 위한 공간으로 만들 계획을 시청에 내놓았다. 디자인을 맡은 회사(Field Operation and Diller Scofidio + Renfro)에 따르면 새로 생길 이 공원의 가장 큰 원칙은 '인위적인 환경에서도 자기 자리를 잡는 자연의 힘을 보여주는 것'이다. 그래서 식물과 오솔길이 자연스럽게 엉키게 하기 위해 자연이라는 요소는 복잡하게 엮어 넣고 잡초들은 지나치지 않도록 가다듬는 모양이 될 것이다. 게릴라 가드너들도 그들처럼 잡초라는 요소를 정원 설계에 영감을 불어넣는 것, 땅이 비옥하다는 사실을 보여주는 징표로 보아야 할 것이다.

미개지에 도전장을 내밀다

잡초가 자란다는 건 땅이 비옥하다는 증거다. 따라서 잡초가 우거진 미개지는 더 볼 것도 없이 게릴라 가드닝의 가능성을 보여주는 곳, 즉 꽃밭을 만들어 가꿀 기회를 제공하는 곳이라고 볼 수 있다. 간단히 말하면, 엉뚱한 장소에 자라는 식물이 잡초라면 엉뚱한 장소에 많은 식물이 자라는 땅이 바로 잡초가 우거진 미개지다. 그런 땅은 적들의 주둔지, 잘 가꾸어진 공간을 차지하기 위해 공격을 감행하는 위험지역이다. 지구상에서 경작할 수 있는 땅은 모두 1900만 평방킬로미터이지만 그 가운데 절반만 사용 중이다. 결국 나머지 반은 잡초가 우거진 땅인 셈이다.

이런 시각에 놀라 뒷걸음을 치는 사람들도 있을 것이다. 잡초를 아낀다는 사람들도 아주 드물지만, 그보다 더 의견 일치가 이루어지지 않는 것이 바로 잡초가 우거진 땅이 과연 친구인가 아니면 적인가, 하는 문제다. 자기 집 마당에 저절로 자라는 풀 몇 포기를 없애면서 고민하는 사람은 거의 없을 것이다. 하지만 이 경우에도 몇 포기가 아니라 상당한 양이 되면 마음은 몹시 불편해질 수 있다. 일이 많아져서가 아니라 없애는 양이 많아지면서 잔인하게 느껴지기 때문이다.

미개지를 깨끗이 치우고 나면 우선은 생생한 파괴의 현장이 나타난다. 새로 심을 식물이 자라 꽃밭이 제대로 자리를 잡을 때까지 붉은 흙과 뽑힌 풀 더미는 자연을 상대로 한바탕 전투를 벌인 흔적을 감추지 않는다. 자연의 창조력과 생산력 자체는 아름답고 위안을 준다. 그리고 그 자연이 인간이 방치하고 더럽힌 땅에 돌아와 활동을 시작하는 광경을 보면 세상이 더럽혀지기 전 상태로 돌아가는 느낌이 든다.

그러나 잡초가 우거진 상태를 장려하는 것은 꽃밭 만드는 일과 거리가 있다. 꽃밭 만들기는 잡초가 우거진 미개지에 도전장을 내미는 일이다. 황량한 자연 상태로 내버려둔 곳에는 꽃밭도 꽃밭을 만드는 사람도 없다. 18세기 영국의 조경 설계자 윌리엄 켄트(William Kent)처럼 "담장을 뛰어넘으니 모든 자연이 곧 정원임을 알게 되었다"(호레이스 월폴Horace Walpole의 〈근대 정원〉에 나오는 표현을 빌리면)던 사람도 정원으로 보이는 자연을 가만히 앉아서 즐기는 것에 멈추지 않았다. 거대한 영국 정원들을 만들면서 그는 자연주의적인 요소들을 여기저기 배치하면서 자연을 다듬고 길들였던 것이다. 게릴라 가드너들이 할 수 있는 것도 마찬가지다('거대한 정원'을 만들 수 있다는 것이 아니라 '자연주의적인 요소'를 가미할 수 있다는 뜻이다. 물론 엄청난 자산을 가진 게릴라 가드너라면 이야기는 달라지겠지만).

'방치된' 땅이라고 하면 이전에 꽃밭이나 경작지로 쓴 적이 있다는 것이고 '미개지'라는 말에는 한 번도 사람 손을 거치지 않은 땅이라는 뜻이 들어 있다. 하지만 '한 번도'라는 건 과장된 표현이기 쉽다. 인간의 손길은 이른바 '미개한' 곳이라고 해도 웬만한 곳까지는 이미 닿았으니 말이다. 따라서 미개지라고 해서 눈에 보이는 것만큼 순수한 자연 상태인 것은 아닐 수 있다('자연 상태'가 정밀하게 뭘 뜻하는지 논쟁을 하고 싶지는 않지만). 방치된 땅이라고 생각하면 정원으로 만드는 과정에서 꺼림칙하지 않을 것이다.

미개지를 보호하기 위한 분명한 경계선도 있다. 국립공원과 유네스코 지정 보호지역, 그 밖에 특별한 이유와 목적으로 지정된 지역이 그것이다. 그런데 그런 경계선을 일부러 넘어서는 게릴라 가드너들도 있다. 그 사람들에게는 그런 지역이 매력적으로 보일 것이다. 그런 사람들은 그 지역의 희귀한 자연과 소중한 유전자 정보보다 짧은 시간에 눈에 띄는 성과를 올리는 것이 훨씬 가치 있다고 생각한다. 그러나 보호지역에서 벌이는 게릴라 가드닝 활동은 결국 모든 사람에게 너무나 비싼 대가를 치르게 한다. 가장 큰 피해를 남긴 사례로는 농부들이 열대우림을 벌목하는 경우일 것이다. 브라질 남서부 고원지대에 있는 마투그로수(Mato Grosso) 주에서는 농작물 특히 대두(*Glycine max*) 경작지를 얻기 위해 2001년에서 2004년 사이에 열대 우림 54만 헥타르를 파괴했다. 대두 생산이 늘면 식품 값이 떨어진다. 그러나 나무가 잘려나가면 이

| 브리타 1198과 친구들이 일군 야생꽃 초원(웨스트 런던 2차선 도로에 접한 곳)

산화탄소 흡수가 줄어들고 그와 함께 지역의 강우량이 줄어든다. 그리고 지구온난화가 촉진된다. 그런 환경에서는 열대기후에 견디도록 개량된 대두도 살아남을 수 없게 된다. 대두가 죽으면 그 땅은 다시 버려질 것이다.

남미의 거친 열대 우림에서 멀리 떨어진 영국령 리비에라에 사는 마거릿 2878은 데본(Devon) 지방 토어(Torre)에 있는 그리스정교 소속의 세인트 앤드류 성당 묘지에 자라는 가시나무 관목들을 쳐내고 불태우는 게 가장 신나는 일이라고 말한다. 물론 마거릿은 잡초를 쳐부수는 전사보다는 야생의 꽃밭을 만든 게릴라 가드너로 더 잘 알려져 있다. 마거릿의 사례는 게릴라 가드너들이 택해야 할 중용의 길이 무엇인지 그리고 우리가 야생의 환경과 어떤 관계에 있는지 잘 보여준다.

마거릿이 게릴라 가드닝을 하게 된 단초는 자신의 꽃밭에 맞닿아 있는 성당 묘지의 웃자란 잡초를 몰래 쳐낸 일이었다. 그곳은 여러 해 내버려져 있는 바람에 잡초로 뒤덮이게 된 땅이었다. 블랙베리라고도 하는 오엽딸기*(Rubus frutixosus)*, 담쟁이*(Hedera helix)*, 서양메꽃*(Convolvus arvensis)* 등이 비석들을 휘감아 비문을 알아보기도 어려울 지경이었다. 그렇게 엉망이 된 탓에 보통 사람들은 얼씬도 못하고 알코올중독자와 마약을 하는 사람들만 드나들었다. 마거릿이 손을 대면서 그곳에는 조금씩 단정한 잔디밭이 돌아왔고 추모 시설들을 정비할 수 있게 되었다. 그렇게 한 해가 지난 뒤 마거릿의 작업은 정식으로 허가가 났고, 행정기관의 지원도 받게 되었다.

게릴라 가드너를 유혹하는 그 밖의 장소들

내버려진 땅은 성공할 가능성이 아주 높다는 점에서 게릴라 가드너의 장소 목록에서 최상위를 차지하는 장소다. 그러나 그런 땅마저 부족하기 때문에 게릴라 가드너들은 별로 내버려지지 않은 곳도 대상으로 삼아야 할지 고민하게 된다.

수상하고 까다로운 잔디밭

잔디밭도 게릴라 가드닝 장소가 된다. 우선 잔디밭은 우리가 좋아하는 장소다. 넓게 펼쳐진 잔디밭은 공을 차기에도 좋고 소풍에도 안성맞춤이다. 아스팔트 도로를 따라 마련된 잔디밭은 보기에도 단정하고 물을 흡수하는 기능도 뛰어나다. 주택 앞마당이나 시내 중심에 조성된 것이든 고속도로 가에 만들어진 것이든 잔디밭은 예나 지금이나 문명의 상징이다. 완벽하게 꾸며진 마을이라면 싱싱한 잔디로 이루어진 살아 숨 쉬는 카펫이 빠질 수 없을 것이다.

하지만 잔디밭은 말썽의 근원이기도 하다. 17세기 영국에서 잔디밭은 귀족 신분의 상징이었고, 따라서 사려 깊고 화려하게 만들어졌으며 작물을 심지 않고 동물도 출입이 안 되는 장소였다. 이 값비싼 취미는 지금까지 이어져왔다. 많은 경우 잔디밭은 사람들이 즐기는 열린 공간이 아니다. 따라서 울타리로 막혀 있다. 그런 잔디밭을 관리하는 사람은 동시에 에너지 포식자를 운전하며(잔디 깎는 기계를 30분 사용하면 승용차로 560km를 달릴 때만큼 오염물

| 우드로 윌슨(제28대 미국 대통령)은 1차 대전 중 백악관 앞 초원에서 양을 키웠다

질이 나온다) 화학약품을 뿌리고 공업용수를 대는 수준으로 물을 소비한다. 그런 일에는 창의성이 필요 없고(어느 방향으로 풀을 깎을 것인지만 고민하면 되니까) 깎은 풀 말고는 수확할 것도 없다(그것도 퇴비 더미에 던지면 그만이다).

그렇게 관리하는 데 돈이 들고 귀찮은 일이 많다보니 어쩔 수 없이 내버려두는 경우도 많아질 수밖에 없다. 스페인 남부 우에토르 베가(Huétor Vega)에 사는 미켈레(Michele) 014는 엉성한 공유지 잔디밭에 있는 벌거벗은 땅에 스프렝게리(*Asparagus densiflorus* 'Sprengeri', 고사리 아스파라거스의 일종)를 심었다. 스프렝게리라면 스프링클러 없이도 살아남고 종종 지나가는 염소들이 입을 대지 않을 것 같았다. 헤더(Heather) 1196은 잔디밭을 몽땅 걷어내어야 한다고 생각한다. 그래서 'FoodNotLawns.com'이라는 웹사이트를 만들어 잔디밭을 생산적인 공간으로 만들자고 주장한다. 그녀의 계산에 따르면 미국 가정에 있는 잔디밭은 아이들이 놀 작은 공간을 빼고도 평균 6인 가족을 먹여 살리기에 충분한 곡물을 생산할 수 있다. 두 번의 세계대전 중에 미국과 영국의 시민들은 잔디밭을 훨씬 생산적인 용도로 사용했다. 런던 하이드파크(Hyde Park)는 1940년 시민들을 위한 임대농장으로 바뀌었고, 제1차 세계대전 때 미국 대통령 우드로 윌슨(Woodrow Wilson)은 백악관 잔디밭에 양을 풀어놓았다.

그렇지만 잔디밭은 정복하기 까다로운 장소다. 깔끔하게 정돈된 잔디밭을 공격하면 내버려둔 곳을 공격했을 때보다 훨씬 심하게 땅 주인을 자극하게 된다. 싹이 올라오는 게 보이면 채소든 땅

속에 묻힌 구근이든 모조리 파헤칠 것이다. 미국 오리건 주 유진(Eugene)에 사는 헤더(Heather)는 집주인이 사유지를 훼손했다고 쫓아낼까봐 세 들어 사는 집의 잔디밭은 공격할 수 없었다. 그래서 공원 한 구석 사람들이 별로 좋아하지 않는 풀밭을 게릴라 가드닝 장소로 골랐다. 헤더의 선택을 참고해서 '사람들이 신경을 안 쓰는' 잔디밭을 집중적으로 공략하는 편이 좋을 것이다.

도로는 어렵다

도로는 차가 다니지 않아도 공간을 차지하고 열을 흡수하며 빗물이 땅속으로 스며드는 것을 막는다. 그래서 결국 반갑지 않은 열섬 현상을 일으키고 홍수를 악화시키는 역할을 한다. 거기에 자동차까지 더해지면 주변 환경은 피폐해지고 소음으로 가득 차게 된다. 게릴라 가드너 중에는 우리 생활환경을 가로지르는 이런 거대한 검은 띠에 대항하기 위해 식물을 심는 사람들이 있다. 그렇지만 도로를 상대로 하는 싸움은 결코 평탄하지 않다.

1996년 7월 13일, "길을 되찾자"는 이름의 활동가 그룹은 런던 서부를 지나는 41번 국도를 개선하기 위해 뭔가를 심기로 했다. 그런데 장소는 도로변이 아니라 바로 차도 한 가운데였다. 3천 명의 시위대가 1.2km에 이르는 도로를 점거한 뒤 도로에 구덩이를 파고 작은 나무 두 그루를 심었다. 그들은 7미터가 넘는 커다란 조형물을 만들어 세우고 테크노 뮤직을 시끄럽게 틀어서 노동자 한 사람이 압축공기 드릴로 도로에 구덩이를 파는 것을 교묘하게 숨겼다. 나무는 그날 밤이 지나기도 전에 뽑혔지만 도시를 더 푸르게 만들어야 한다는 그들의 메시지는 몇몇 매체를 통해 사람들에게 전해졌다. 그런데 그날 망가진 도로를 복구하는 데는 1만 파운드가 들었다. 그 돈이면 차량 통행을 방해하지 않는 곳에 훨씬 많은 나무를 심을 수 있었을 것이다.

도로에 맞서는 게릴라 가드닝 활동으로 그보다 훨씬 덜 파괴적이면서도 실제로 훨씬 복잡하고도 사람들의 생각을 일깨우는 사례도 있다. 2005년 11월 16일 샌프란시스코에서 있었던 활동이 그랬는데, 이 게릴라 가드닝은 그 뒤 세계적으로 크게 성공한 운동이 되었다. 존(John) 1013, 매튜(Matthew) 1014, 블레인(Blaine) 1015, 그레고리(Grogory) 1016 등 네 사람은 도시 중심부의 공공용지 가운데 70%가 개인이 소유한 자동차에 점령당해 있다는 사실을 그냥 지나갈 수 없었다. 그래서 'REBAR'라는 예술창작집단의 이름을 걸고 내놓은 대응책이 주차장(parking space) 하나에 잔디를 깔고 서어나무(*Carpinus caroliniana*)를 세우고 얕은 울타리와 우아한 벤치를 설치해서 몇 시간 동안이나마 공원(park)으로 바꾸어 놓는 것이었다. 이들은 이 행위에 'PARK(ing)'이라는 이름을 붙였다. 주차미터기에 요금을 넣고(차를 세울 때만 지불하게 되어 있지만) 시작해서 요금이 다 떨어지면 철수하는 식이었다. 그런데 PARK(ing)이라는 소극적인 저항이 도시의 공간에 대한 관행적인 생각에 정면으로 이의를 제기하는 효과를 얻었다. 이듬해 샌프란시스코 시장은 11월 16일 하루 동안 자신의 주차장을 PARK(ing) 활동을 위해 내어주었고, 전 세계 여러 도시에서 같은 일이 벌어진 것이다.

도로에 만드는 게릴라 가든은 대부분 수명이 짧다. 거기에 심는 식물도 가미카제 돌격대처럼 단명하고 꽃모종들도 옮기기 쉽게 되어 있다. 결국 선전 효과가 주된 목적이라는 말이다. 나를 포함해서 진짜 게릴라 가든을 만들고 싶은 사람들은 그런 일회성 행사에 큰 관심이 없다. 일단 만든 게릴라 가든이라면 오래 살아남기를 바라기 때문이다. 캐나다 토론토에 사는 마이클(Michael) 1954와 친구들은 지나친 주차 공간 문제를 좀 더 생명이 긴 방법으로 이슈화했다. 이들은 낡은 자동차 한 대를(모델도 하필이면 Dodge Spirit, '민첩한 정신') 흙과 식물로 가득 채우고 겉에 꽃 그림을 그려서 자신들이 자주 가는 어거스타 거리(Augusta Avenue) 식당 바깥에 주차했다. ('주차했다'기보다는 '심었다'고 해야 할 듯.) 이들은 이 활동을 "지역 자동차 교화 프로젝트"라고 불렀다. 그 뒤로 두 해 동안 그 차를 종종 같은 장소에 세웠는데, 그러는 동안 식물은 오래 가는 것으로 바꾸고 보닛에는 푹신한 잔디를 덮었다.

게릴라 가든으로 광고판 공해 차단하기

도시는 일 년 내내 색깔도 요란한 광고판으로 번쩍인다. 그것들은 때로는 멍청하기 짝이 없는 정보로, 그리고 때로는 그나마 유용한 정보로 행인들을 세뇌하느라 여념이 없다. 정보라고 해봐야 돈을 내면 더 나은 생활이 이루어진다는 짜증나는 약속일 경우가 많다. 런던에서 가장 유명한 광고 기획자에 속하는 마크 레디(Mark Reddy)는 자기가 만드는 광고 포스터들이 "세상을 좀 더 아름다운 곳으로 만드는 예술 작품"이라고 말한다. 누구나 이 말에 동의하지는 않을 것이다. 2006년 12월 남미에서 가장 크고 번화한 도시

상파울루(São Paulo)의 시장은 모든 옥외광고를 금지했다. 시각 공해라는 이유였다. 전 세계 도시들에서 그런 공해를 공격하는 일은 전적으로 활동가들에게 맡겨져 있다.

캐나다에서 반소비주의자 조직인 애드버스터(Adbuster.org)는 상업광고를 공격하기 위해 여러 가지 방법을 동원한다. 그 가운데 하나는 담쟁이(Hedera helix)를 심어 옥외광고판을 뒤엎도록 하는 것이다. 2001년 5월 그들은 애드버스터 간행물의 독자들이 바로 행동에 돌입할 수 있도록 담쟁이 씨앗을 나누어주었다. (옥외광고판은 청소와 관리가 자주 이루어지기 때문이 그 씨앗들이 담쟁이로 자랄 가능성은 그다지 높지 않았다.) 네덜란드 로테르담(Rotterdam)의 헬무트(Helmut) 1831은 새로 등장한 거대한 옥외광고판이 도시를 온통 뒤덮은 모습에 화가 나서 그것들을 잘 보이지 않게 할 게릴라 가드닝 방법을 생각해냈다. 그는 시청 직원처럼 옷을 입고 친구와 함께 도릅스벡(Dorpsweg) 거리의 커다란 볼보자동차 광고판 앞에 느릅나무를 심었다. 느릅나무를 고른 이유는 나무의 성격이 광고판을 무력화하기 위해 알맞기 때문이다. 느릅나무는 빨리 자라고 높이도 웬만한 데다 윗부분이 빽빽해진다. 예상했던 것처럼 나무는 며칠이 지나자 제거되었다.

미국 오리건 주 포틀랜드(Portland)에 사는 샌디(Sandy) 990은 게릴라 가든을 통해서 그보다 좀 더 긴 광고판 방해 효과를 얻었다. 샌디는 미국에서 가장 오래된 메르세데스 벤츠 자동차 판매회사의 메르세데스의 별 모양 로고를 뒤집어 포크처럼 생긴 평화 심벌로 만들었다. 그 메르세데스 로고는 너비가 2.4m 정도인 회양목(*Buxus sempervirens*) 덤불로 만들어져 있었는데, 샌디는 약간의 게릴라 가드닝으로 로고 모양을 쉽게 바꿀 수 있었다. 먼저 회양목 울타리 치수를 재고 그에 맞는 회양목을 산 뒤 2007년 3월 18일 밤 10시 반에 작전을 개시했다.

그 뒤 3주 동안 메르세데스 관계자 누구도 회사 로고가 바뀐 것을 알아채지 못했다. 결국 메르세데스 판매회사와 조경 계약을 맺은 사람들이 정기점검을 하다가 샌디가 만든 덤불을 발견해서 제거했는데, 그녀는 곧 근처에서 자신이 심었던 나무가 버려져 있는 것을 발견하고 다시 원래대로 돌려놓았다. 그렇게 다시 뒤집힌 로고는 이번에는 2주 동안 그런 상태로 있었다.

게릴라작전을 벤치마킹하라

버려진 땅이 때때로 게릴라 가드닝이 아니라 다른 게릴라 세력들의 힘으로 개조되는 일은 아마도 피할 수 없을 것이다. 포장, 울타리, 도로, 벤치, 공중전화 부스 등은 모두 정기적으로 손봐야 하는 것들이어서 제대로 관리되지 않으면 금세 보기에도 흉해지고 고장 나게 된다. 어쩌면 공공 정원보다 그런 편의시설이 더 중요할지도 모른다. 울퉁불퉁한 도로 포장석에 걸려 넘어지거나 도로에 난 구멍을 피하느라 이리저리 걷다가는 다칠 수도 있다. 하지만 패인 길에 아스팔트를 깔거나 고장 난 공중전화를 수리하는 일은 게릴라 가드닝보다 어렵다. 게릴라 가드닝은 땅 주인들을 자원에서 해방시켜 그들로 하여금 좀 더 기술적인 일에 집중하도록 만드는 일이라고 생각한다. 그런데 불법적인 게릴라 활동을 통해 그런 기술적인 문제를 해결할 수 있는 사람들도 있다.

런던의 스페이스 하이재커스(SpaceHijackers.co.uk)라는 그룹은 자신들을 '무건축주의자'(anarchitects, 무정부주의자 anarchists를 빗대어 만든 신조어)라고 부름으로써 공공장소에서 벤치를 치워버리는 시청의 조치에 저항한다는 뜻을 강조했다. 이 그룹은 런던 블룸즈버리(Bloosbury)에 새 벤치를 설치하고는 이 행위에 '게릴라 벤칭'이라는 이름을 붙였다. 요크셔 지방 허더즈필드(Huddersfield)의 어느 융통성 있는 주민 한 사람은 패인 곳 투성이 도로에 넌더리가 나서 직접 행동에 나섰다. 그렇다고 아스팔트 재료나 스팀롤러를 구할 길이 없었으므로 도로 관리인들이 행인을 위해 위험한 곳을 표시하는 노란색 페인트를 마련했다. 그러고는 도로를 걸으면서 손을 봐야 하는 위험한 곳에 페인트를 뿌려 원을 그렸다. 얼마 지나지 않아 지역 매체가 그를 "노란 핌퍼넬"(Yellow Pimpernel)이라고 부르기 시작했다. (소설 〈붉은 핌퍼넬 The Scarlet Pimpernel〉에서 몰래 사람들의 생명을 구하는 의인 Percy의 별명이 붉은 핌퍼넬이었다-역자) 그러자 시청은 그를 찾아내서 장비를 반납하라고 요구했다. 도로 표면을 정비하는 차가 표시해놓은 곳들을 피해서 운전하면 도시가스관과 상수도관이 손상될 수 있다는 것이 이유였다.

나도 심야에 게릴라 DIY를 조금 한 적이 있다. 투자은행 직원인 톰(Tom) 354를 도와 런던의 배런즈코트로드(Barons Court Road)에서 빅토리아시대의 A자 모양 녹슨 우체통을 새로 칠했다. 우리가 한 행동은 이상하게도 적절했던 모양이었다. 체신부가 직접 발행하는 잡지가 최근 그 우체통을 '붉은 혁명가-어케이셔(Acacia) 가의 체 게바라'라고 불렀으니 말이다.

비밀 활동 가운데 내가 아는 한 가장 놀라운 작전은 '운터군터'(Untergunther)라는 파리의 비밀조직이 펼친 것이다. 매체들이 '문화 게릴라 운동' 조직이라고 부르는 이들의 목적은 프랑스의 문화유산들을 복원하는 것이다. 18세기에 신고전주의풍으로 지어진 거대한 명사들의 묘 팡테옹(Panthéon)을 목표로 삼았다. 그들이 고치려던 것은 1960년대 이래 버려진 채 녹슬어가던 팡테옹의 시계였다. 2005년 9월 이들은—한 사람은 시계공이었다—심야에 숨어들어가 둥근 지붕 아래에서 비밀 워크숍을 열었다. 수리를 마칠 때까지는 꼬박 일 년이 걸렸다. 그런 다음 자신들의 영광스러운 복구 작업의 결과를 공개했다. 고발당하는 일을 가까스로 피한 조직은 그 뒤로 완전히 지하로 숨어들어 다른 지역에서 같은 일을 계속하리라고 맹세했다. 그렇게 기술이 뛰어나고 헌신적인 게릴라 대원들이 게릴라 가드닝으로 전향한다면 얼마나 좋을까 하는 생각이 든다. 그런다면 정말 엄청난 결과가 나올 것이다.

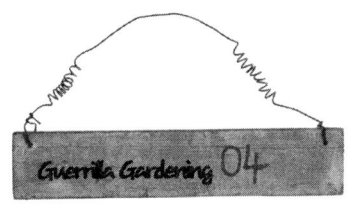

게릴라 가드닝의 역사

게릴라 가드닝의 역사를 들여다보면 깨닫는 바가 있다. 여기 나오는 이야기들을 '게릴라 가드닝의 뿌리'로 생각하고 싶지만, 그보다는 '게릴라 가드닝의 여러 꽃들'이라고 하는 편이 더 정확한 비유가 될 것이다. 게릴라 가드닝이라는 운동은 서로 다른 여러 곳에서 서로 다른 이유로 꽃피었고, 오늘날 그 꽃은 게릴라 가드닝의 이상과 영감이라는 씨앗을 퍼뜨리고 있다.

공유지 경작을 허하라_영국 서리 세인트조지스힐(1649)

게릴라 가드닝은 세계 곳곳에서 게릴라들이 생겨 활동하기 훨씬 전부터 있었다. 누가, 어디서, 언제 남의 땅에서 농사를 짓기 시작했는지는 확인할 길이 없다. 하지만 14000년 전 신석기 시대 사람들이 처음으로 농사를 짓기 시작하고 얼마 지나지 않아 게릴라 가드닝이 시작되었으리라고 생각한다. 그보다 훨씬 뒤에 나온 그리스도교의 마태(마태오)복음에서도 밤에 몰래 농사를 짓는 이야기가 있지만, 이것은 남의 땅에 몰래 잡초 씨를 뿌리는 암울한 우화여서 게릴라 가드닝과 연관 지어 언급하고 싶지 않다. 게릴라 가드닝에 관한 우리 이야기는 17세기 잉글랜드에서 시작된다.

널리 알려진 것으로 시기적으로 가장 앞선 게릴라 가드닝은 1649년 잉글랜드 어느 언덕에서 벌어졌다. 혼란에 휩싸인 시기였다. 찰스 1세 왕이 참수당한 뒤여서 내각이 권력을 쥐고 있었고, 급진주의자들은 자신들이 원하는 새로운 사회의 모습을 열심히 선전하고 있었다. 변화를 갈망하는 사람들 가운데 제라드 윈스탠리(Gerrard Winstanley)라는 파산한 섬유상이 있었다. 그는 원래 위건(Wigan) 출신인데 당시에는 서리(Surrey)에 살았다. 잉글랜드의 불공정한 토지법을 바꿔야 한다고 주장하면서 남녀들을 규합했는데, 이들은 나중에 '땅 파는 사람들, 디거'(Diggers)라고 불렸다.

기록적으로 오른 곡식 가격과 경작할 땅의 부족이라는 두 가지 문제로 굶주리게 된 디거들은 이웃사람들이 쓰지 않고 내버려둔 땅을 활용할 방안에 관심을 집중했다. 그 땅들은 잡초가 무성한 황무지나 숲이었다. 그리고 당시에는 잉글랜드의 3분의 1이 그런 땅이었다. 그런 땅에는 누구나 들어가서 땔감이나 산딸기를 줍거나 가축에게 풀을 뜯도록 할 수는 있었지만 경작은 절대 금지였다.

바로 그런 관행이 윈스탠리가 보기에 터무니없었다. 1649년 3월 26일자 전단지(119쪽)에서 그는 '구속과 자유를 구분하도록 모든 잉글랜드인에게 호소함'이라는 제목 아래 다음과 같이 썼다.

> 공유지는 왕과 영주들의 치하에서 내내 황폐하게 버려져 있었다. 그런 연유로 지금까지 그대들과 그대들의 아버지들은 가난에 시달렸다. 곡식이 풍요롭게 자랄 그 땅에는 갈대와 이끼와 잡초만이 가득하다…

그로부터 일주일이 지난 1649년 4월 1일, 그는 서리(Surrey) 지방 웨이브리지(Weybridge) 근처 세인트조지스힐(St George's Hill)에서 게릴라 가드닝을 실행에 옮기고 있었다. 파종을 위해 잡초를 태워 이랑을 정리하고 서양방풍나물(*Patinaca sativa*), 홍당무(*Daucus carota*), 콩(*Phaseolus vulgaris*), 보리(*Hordeum vulgare*)를 심었다. 그날 하루 이 일에 참여한 사람만 서른 명에 이르렀다.

윈스탠리는 자기가 하는 행동을 전혀 숨기지 않았다. 그는 지나가는 사람들을 돕기 도움을 청하고 고기와 음료와 옷가지를 주겠다고 약속했다. 그리고 그 뒤 몇 주 동안 그곳에 오는 몇 전 병에게 자신의 계획을 열정적으로 설명했다. 사람은 자신이 경작할 수 있는 것보다 더 넓은 땅을 가져서는 안 된다는 것, 노동이란 나누어 해야지 돈을 주고 사서는 안 된다는 것이 그의 메시지였다. 그가 발표한 것 가운데 가장 내용이 분명한 전단지에서 그는 그 이유를 이렇게 설명했다.

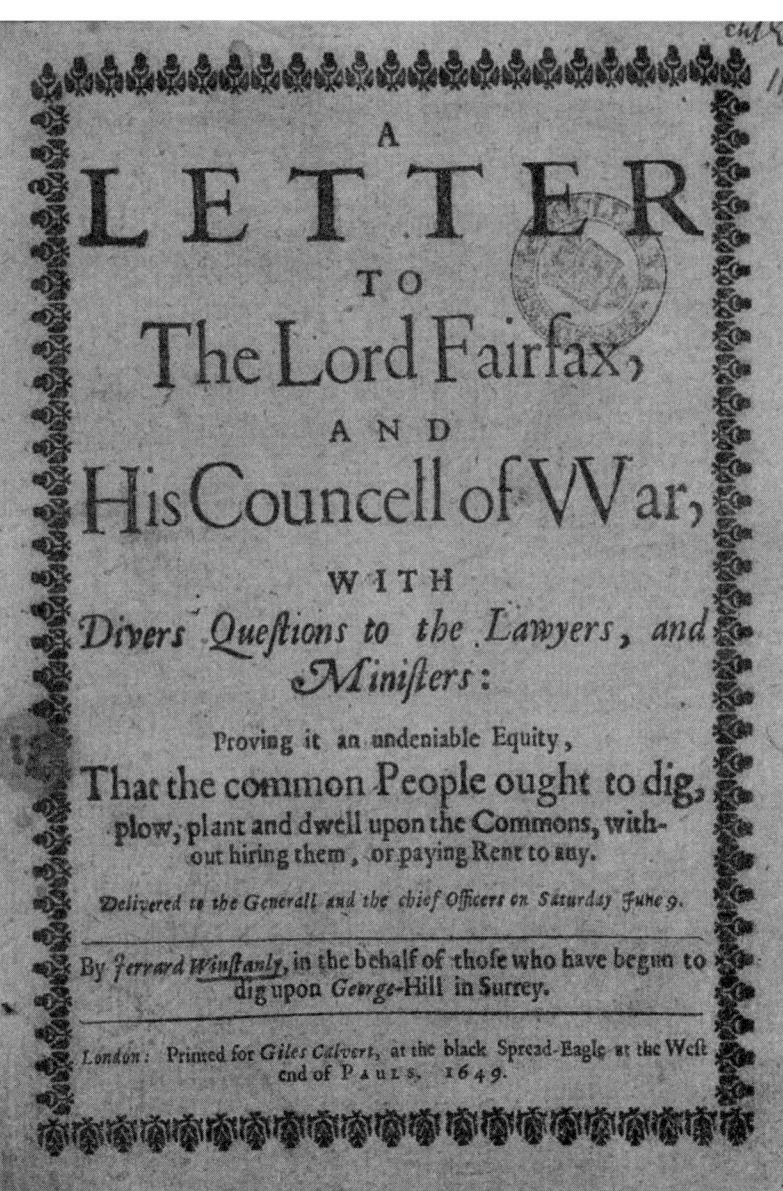

| 제라드 윈스탠리가 정부에 보낸 전단지. 공유지를 경작하도록 허락해 달라는 내용이다

우리 모두는 공정하게 일하여 이 대지를 부자나 빈자를 가리지 않고 모든 사람이 공유하는 재산으로 만들 토대를 마련해야 하기 때문이고, 이 땅에서 태어난 사람이면 누구나 자신을 존재하도록 한 어머니인 대지의 힘으로 먹고 살 권리가 있기 때문이다. 신의 창조가 가르치는 법칙도 그러하다.

그곳에서 벌어지는 일들은 곧 런던의 정부에도 알려졌다. 정부에는 "법을 따르지 않는 반항적인 사람들이 세인트조지스힐이라는 곳에서 모이고 있다"고 보고되었다. 정부는 이 "터무니없는" 행동이 확산되어 "온 나라의 평화와 안정을 저해할 수도 있다"고 염려한 끝에 군인 한 사람을 보내어 그곳을 관찰하도록 했다. 그곳에 모인 사람들은 연방 총사령관 토머스 페어팩스 장군에게 자신들의 행동에 관해 설명하라는 정식 요청을 받았다. 그리고 그들은 자신들의 목적이 합당하고 행동에서도 평화적이고 상식을 벗어나지 않는다고 장군을 설득할 수 있었다. 페어팩스 장군은 그곳을 방문한 뒤, "그들은 시골에서 예의바르고 공정하게 행동하고 있으며, 이성적이고 정직한 사람들임을 보여주었다"고 기술했다. 그는 그들의 행동이 그 지역에 국한된 분쟁이므로 중앙정부에는 아무런 위협이 되지 못한다고 보고, 그 지역 행정기관에게 질서 유지를 맡겼다. 오늘날도 그렇지만, 불행히도 그 지역 행정기관은 그런 상황을 잘 다룰 능력이 없었다.

다른 곳에서도 디거 집단이 만들어지고 윈스탠리가 선동적인 전단지를 계속 발표하자, 장원을 가진 영주들은 공격적으로 대응하기 시작했다. 디거들은 월튼(Walton) 교회로 쫓겨 가서 그곳에 갇히고 말았다. 그들이 심은 곡식은 파헤쳐지고 농기구는 도둑맞았으며 수레들은 부서졌다. 여장을 한 남자들 한 무리가 폭력을 가해왔다는 보고도 있었다. 윈스탠리는 공유지 침범죄로 법정에 세워졌고 디거들에게는 한 사람당 10파운드라는 상당히 큰 벌금이 매겨졌다.

1649는 가을, 디거들은 커브햄(Cubham) 근처 리틀 히스(Little Heath)라는 곳에서 다시 경작을 시도했다. 그곳 영주는 디거들의 명분에 공감하는 사람이었다. 하지만 몇 주가 지나자 그 동네 성직자가 디거들에게 반기를 들었고, 이듬해 봄이 되자 디거들의 경작지가 망가지고 그와 함께 그들의 결의도 꺾이고 말았다. 1652년 윈스탠리는 『자유에 관한 법』이라는 제목으로 또 한 권의 책을 발표했다. 이 책은 이상적인 사회를 그린 역작이었지만, 스스로 호국경(Lord Protector)이라는 자리를 고안해서 권력을 쥔 올리버 크롬웰(Oliver Cromwell)은 윈스탠리에 관심을 보이지 않았다. 그러자 그는 조용히 살기로 결심한 듯 모든 활동을 그만두고 어느 교회의 관리인이 되어 물러났다.

사과나무 게릴라_ 미국 펜실베이니아, 오하이오(1801)

19세기 초 미국에서 등장한 게릴라 가드너는 세상을 더 아름답게 만들겠다는 동기를 가지거나 불의를 바로잡겠다는 사람은 아니었다. 그는 그저 약삭빠른 장사꾼이었다.

존 채프먼(John Chapmen)은 매사추세츠 주 레민스터(Leominster)의 가난한 집안에서 태어났다. 임박한 전쟁으로 암울한 시기였다. 훗날 과수원에 들어가 일을 배운 뒤 과일 농사를 직업으로 택했다. 젊은 시절에는 서부로 이주해가는 사람들에게 사과(*Malus domestica*) 묘목을 파는 일이 장사가 되리라고 생각했다. 그래서 사과 씨를 가득 넣은 자루를 등에 지고 펜실베이니아 서북부에 가서 게릴라 가드닝을 시작했다.

그는 합법적으로 경작할 수도 있었다. 홀랜드 토지회사(Holland Land Company)가 이주민들에게 땅을 팔고 있었던 것이다. 하지만 채프먼은 그런 형식을 갖추지 않았다. 땅 주인들은 대부분 멀리 떨어진 동부 연안에 살았고, 스스로들 농사를 지을 마음은 없이 오로지 땅에서 나오는 수익만 원했다. 그가 공략한 땅은 황무지도 아니고 내버려둔 땅도 아니었다. 그곳은 아메리카 원주민들의 주거지이자 사냥터였다. 결국 그의 게릴라 가드닝은 두 가지 의미에서 인류를 거스르는 범죄였다. 그는 대지주들을 두려워하지는 않았지만 원주민들은 그다지 멀지 않은 곳에 있었다.

채프먼은 원주민들을 사귀고 그들의 언어를 배우고 과일나무를 키우는 방법과 식물을 섞어 약을 만드는 법을 가르쳐주는 것으로 충돌을 피했다. 그는 특별한 허가 없이 넓은 땅을 개간해서 사과나무를 심었다. 그곳은 펜실베이니아 주 워런(Warren)과 프랭클린(Franklin), 오하이오 주 매리어트(Mariette)와 맨스필드(Mansfield) 등 이제 막 생겨나기 시작한 이주민 마을들의 외곽이었다. 그는 강변의 으슥한 곳들을 선호했다. 그런 곳들이 바로 이주자들이

| 19세기 미국의 게릴라 가드너 존 채프먼을 기념하는 5센트짜리 우표

와서 뿌리를 내릴 가능성이 가장 높았다. 사람들이 관심을 가질 만한 곳마다 씨앗을 심고 굶주린 소떼와 사슴들이 가까이 오지 못하도록 울타리를 쳤다. 그렇게 만든 게릴라 과수원에서는 곧 묘목이 나왔고, 그는 그것을 주민들에게 팔았다.

장사는 괜찮았다. 시골에 이주한 사람들에게 사과나무는 살림에 중요했다. 신선한 과일뿐 아니라 사과버터와 발효주스도 필요했기 때문이다. 게다가 오하이오 주 토지회사는 이주민이 토지소유권을 인정받으려면 이주 첫 해에 사과나무 50그루를 심어야 한다고 정하기까지 했다.

채프먼은 언제나 이주민들의 이동경로를 앞서갔다. 그렇게 다니는 동안 때로로 음식과 잠자리를 얻는 대신 사과 묘목을 주었다. 사업이 커지자 자기 땅이 아닌 곳에 사과나무를 심는 데 그치지 않고 땅을 사거나 빌리는 쪽으로 옮겨갔는데, 나중에는 그렇게 빌리거나 사들인 땅이 6백만 제곱미터가 넘었다. 기록을 보면 채프먼은 인디애나의 17만 제곱미터 땅에서만도 15000 그루를 심었다고 한다. 그 기록으로 미루어보면 그가 평생 얼마나 많은 나무를 심었는지 짐작할 수 있다. 그리고 그 가운데 상당수는 게릴라 가드닝으로 이루어졌을 것이다.

공원을 되찾자_미국 캘리포니아 버클리(1969)

1969년 봄, 미국에서는 저항문화의 위대한 꽃을 피울 준비가 한창이었다. 그것은 뉴욕 주 북부의 시골 우드스톡(Woodstock)에서 열린 음악축제였다. 그 시기 미국의 반대쪽에서 버클리 대학교 학생들도 '꽃을 피울' 준비를 하고 있었다. 캠퍼스 안에서 몹시 눈에 거슬리던 곳을 공원으로 바꾸어놓으려는 계획이었다. 그것은 현대 게릴라 가드닝의 시작을 알리는 위대한 활동이었다. 물론 그때까지는 게릴라 가드닝이라고 불리지는 않았다.

그곳은 드와이트 웨이(Dwight Way)와 헤이스트(Haste) 사이에 자리 잡은 12000m^2 넓이의 땅으로, 대학 당국이 두 해 전에 사들였지만 건축 계획이 미루어지는 바람에 임시로 자갈을 깔아 임시 주차장이라며 방치하고 있었다. 학생들은 그곳을 달리 사용할 계획을 세웠다. 1969년 4월 18일, '버클리 바브'(The Berkeley Barb)지에 '로빈후드 공원 관리인'이라는 정체를 알 수 없는 인물(실제로는 그 지역에서 모르는 사람이 없는 스튜 앨버트 Stew Albert라는 사람으로, 학생들이 동원한 인물이었다)의 공고문이 실렸다. 공고문은 '민중에게 권력을'이라는 이름의 공원을 만들기 위해 사람들을 모은다는 내용이었다. 공원은 하고 싶은 말을 마음껏 하고 자유롭게 사랑을 나눌 수 있는 장소가 될 것이라고도 했다. 이틀 뒤 100명이 넘는 사람들이 그런 싸움에 필요한 장비를 갖추고 파티에 나타났다. 그들은 별다른 조직 없이 모인 듯 보였다. 그 뒤 몇 주 동안 수천 명의 학생과 주민이 남녀노소 없이 모여들어 낮에는 정원을 만들고 밤에는 정치를 논했다.

공원이 모양을 갖추기 시작하면서 인기 있는 모임 장소가 되자 학교 당국은 건물을 지으려던 계획에 차질이 생길 것을 우려했다. 양쪽이 해결책을 찾기 위해 머리를 맞대는 동안 더 큰 권력집단이 이 갈등에 뛰어들 준비를 하기 시작했다. 민중공원에 관한 소식이 캘리포니아 주지사 로널드 레이건(Ronald Reagan)의 저택까지 전해진 것이다. 그는 게릴라 가드너들의 개척자 정신에 결연한 반대를 표명했다. 그는 게릴라 가드너들을 '빨갱이 동조자에 변태'라고 몰아붙이면서 그들을 무너뜨릴 계획을 세웠다.

그해 5월 15일 새벽 먼동이 틀 무렵 캘리포니아 고속도로 순찰대와 무장 경찰 100명이 공원을 폐쇄하기 위해 나타났다. 그들은 2.4 미터가 넘는 철조망으로 공원을 봉쇄하고 이곳저곳에 '출입금지' 팻말을 달았다. 그날 아침 '샌프란시스코 크로니클'(San Francisco Chronicle) 지에는 "피바다를 만드는 한이 있어도 공원은 반드시 폐쇄할 것"이라는 레이건의 말이 실렸다. 이 소식은 캠퍼스를 뒤흔들었다. 3000명의 학생들이 스프라울 플라자(Sproul Plaza)에 모여 이스라엘과 아랍 분쟁을 주제로 시위를 준비하고 있다가 소식을 듣고 곧 시위 목표를 바꿨다. 당시 지도부에 속했던 댄(Dan) 110은 연단에 올라가 부르짖었다. "공원을 되찾자!" 경찰이 확성기 앰프를 끄자 학생들은 자리를 떠나 텔레그래프(Telegraph) 가를 행진하며 "공원을 내놔라!"고 외쳤다. 이것이 오늘날 우리가 '피의 목요일'이라고 부르는 시위였다. 분노한 군중은 길거리 소화전으로 경찰에게 물을 쏘고 돌과 병을 던졌다. 그러자 경찰은 최루탄을 쏘았다. 잠시 뒤 경찰차 한 대가 뒤집히더니 불길에 휩싸였다. 곧이어 총소리가 났다. 옥상에서 구경하던 제임스 렉터(James Rector)라는 사람이 총에 맞아 죽고 또 한 사람이 눈을 다쳐

| 공원을 지키기 위한 1969년 메모리얼 데이 운동. 게릴라 가드너들이 데이지 꽃다발을 나눠주고 있다

시력을 잃었으며 100명 이상이 다쳤다. 레이건은 비상사태를 선언하고 주(州) 방위군을 소집했다.

민중공원 프로젝트에 폭력의 구름이 드리우자 게릴라 가드너들은 전술을 바꿨다. 군사적인 충돌에서 목숨을 잃은 사람들을 추모하는 국경일인 '메모리얼 데이'에 맞추어 평화 시위를 할 계획을 세운 것이다. 그들은 퀘이커 교도인 할머니 자매로부터 기증받은 3천 달러로 데이지(*Chrysanthemum leucanthemum*) 다발을 샀다. 주 방위군이 칼을 꽂은 총과 최루탄으로 무장하고 밀려들어오자 3만 명의 데모대는 군인들에게 꽃을 나눠주었다. 비행기 한 대가 플래카드를 달고 근처를 날아갔다. 플래카드에는 모택동의 말을 바꾸어 "천 곳에서 공원이 피어나게 하자!"라고 쓰여 있었다. 이날 다친 사람은 아무도 없었다. 여러 신문에는 평화롭게 꽃다발을 든 시위대와 주 방위군의 사진이 지면을 장식했다.

당시 베트남에서 벌어지고 있던 전쟁을 배경으로 보면 이 평화 시위는 몹시 신랄하고 성공적이었다. 주 방위군은 물러났다. 그리고 대학 당국이 땅을 돌려받기 위해 계속 애를 쓰고 작은 충돌이 이어지던 1972년 9월, 시의회는 대학 당국으로부터 그 땅을 임차하기로 결정하고 주민들에게 계속 그 공간을 공원으로 개발해나가도록 권장하게 되었다. 그 뒤로도 충돌은 간간이 벌어졌다. 1991년 대학 당국이 그곳에 비치발리볼 구장을 만드는 바람에 다시 소요가 일어났다. 2005년 10월 공원 지지자들 일부가 허가를 받지 않고 이전에 '프리 사이클'이라는 이름으로 불렸던 프리스타일 사이클 시설을 다시 짓기 시작하는 바람에 체포될 위기에 놓이기도 했다. 지금도 대학이 그 땅의 소유자이고, 못마땅하지만 어쩔 수 없이 공원을 내버려두고 있다. 풀과 관목이 자라는 어린이와 강아지의 놀이터는 좋은 시설이지만, 그런 곳도 방치의 그림자가 드리워지기 시작하면 그 용도에 대해 논란이 벌어지게 마련이다.

게릴라 가드닝의 탄생_뉴욕 바우리 휴스턴(1973)

'게릴라 가드닝'은 1973년 뉴욕에서 살고 일하는 화가 리즈 크리스티(Liz Christy)가 고안한 말이다. 리즈는 자신이 사는 바워리 휴스턴(Bowery-Houston)의 빈 땅에 버려진 쓰레기 더미에서 토마토가 자라는 모습을 보았다. 토마토 줄기들은 확실히 쓰레기 더미에 버려진 토마토에서 자라난 것들이었다. 거기서 그런 싹이 나올 수 있다면 그런 환경도 가능성이 있음에 틀림없다는 생각이 들었다. 동네 아이들도 도시의 황폐한 땅에서 놀 장소를 찾아내고 있었다. 그런 풍경에 자극을 받은 리즈와 친구들은 씨앗을 마련해서 빈 땅에 뿌리고 비어 있는 가로수 보호시설에 나무를 심었다. 이 작은 노력이 성과를 보이기 시작하자 그들은 동네에 좀 더 큰 변화를 주기로 했다. 커뮤니티 가든을 만들기로 한 것이다. 모든 가정에 정원과 가축을 먹일 목초지가 있던 17세기 뉴욕을 회상하면서 그들은 대형 금속 석쇠를 빽빽하게 쌓아놓은 듯한 이 지역에 자그마한 녹색 오아시스를 만들고 싶었다.

1970년대 중반 로워이스트사이드(Lower East Side)나 할렘(Harlem),

브롱크스(Bronx) 같은 뉴욕 중심부는 몰락의 길을 걷고 있었다. 빈 건물들이 생겨나 화재로 소실되거나 철거되었다. 뉴욕은 몰락을 피할 방법을 찾지 못하고 헤맸다. '빅 애플'(뉴욕의 별명)은 썩었다. 도시는 범죄자들로 가득하고 역겨운 '출입 불가' 지역은 사방으로 번져갔다. 사람들은 맨해튼에서 교외의 뉴저지 주로 빠져나갔다. 그 바람에 이스트빌리지(East Village)의 땅값은 형편없이 떨어졌다. 이렇게 부동산 가치가 떨어지고 투자가 빠져나가는 현상이 심해지면서 세수(稅收)가 감소했고, 그 바람에 시는 가장 좋은 위치에 있는 공유지조차 유지할 능력을 잃어버리게 되었다. 맨해튼의 여러 공원 가운데 가장 빛나는 보석이었던 센트럴 파크는 이제 다람쥐조차 코카인을 들이마신다고 할 정도로 땅끝까지 추락하고 말았다.

바워리와 휴스턴 가가 만나는 동북쪽 구석에서 게릴라 가드너들은 빈 곳을 발견했다. 그곳은 가로세로가 각각 90미터, 15미터인 땅 조각으로, 20세기 도시에서 나올 수 있는 모든 잡동사니들로 뒤덮여 있었다. 초창기에 리즈와 함께 게릴라 가드닝을 했던 도널드(Donald) 277은 9월 어느 화창한 날 나에게 그곳을 보여주었다. 그는 땅을 고르고 준비하는 데 일 년이나 걸린 이유를 설명했다. 고장 난 냉장고, 망가진 창틀, 불에 탄 자동차 같은 쓰레기를 치우고, 양로원에서 새 표토와 식물을 기증받고 동네 경찰서에서 말똥을 얻어왔다. 이런 모든 일은 완전히 불법으로 이루어졌다. 그 땅은 누구나 들어갈 수 있게 되어 있었지만, 소유권이 부재지주에게 있는지 아니면 뉴욕시에게 있는지는 불확실했다. 시는 위생 관련 세금을 내지 않았으면 그 땅의 소유권을 강제로 회수할 권한이 있었다. 리즈는 함께 활동하는 게릴라 가드너들을 '그린 게릴라'라고 불렀다(얼마 동안은 스스로를 '급진 뿌리줄기'라고 농담처럼 불렀다).

일간 신문 〈뉴욕 데일리 뉴스〉지는 그들의 이야기를 기사화했다. 신문은 그들의 활동을 혁명적인 희망의 빛줄기라고 표현했다. 그 보도를 계기로 리즈와 친구들은 뉴욕 곳곳으로부터 초대를 받았다. 그들은 각자가 자기 구역에서 게릴라 가드닝을 시작할 수 있도록 도왔다. 새로운 지역에서 그들은 바워리 휴스턴의 그 작은 토마토 줄기에서 배운 개척자 정신을 따라하는 것으로 공격을 시작하기도 했다. 쓰레기 더미에 던진 씨앗 폭탄들은 시간이 지나면 화려한 색으로 폭발함으로써 어떤 환경이라도 아름다워질 잠재력을 지니고 있음을 보여주었다.

게릴라 가드닝이 시작되고 약 15개월이 흐른 뒤 그들의 활동은 합법화되었다. 시가 땅의 소유권 문제에 관해 책임을 지기로 하고 그 땅을 게릴라 가드너들에게 연간 1달러의 임대료만 받고 빌려주기로 한 것이다. 그런데 계약서의 내용은 안정적이지 않았다. 1990년 게릴라 가드너들이 지역에서 주택의 보존과 개발 문제를 다루는 쿠퍼지역위원회(Cooper Square Committee)라는 비영리 단체의 일원이 됨으로써 첫 꽃밭의 소유권 문제는 훨씬 안정되었다. 인접한 건물들이 재건축되는 경우에도 꽃밭은 보호를 받았고 심지어 공사로 인한 방해에 대해 보상을 받기까지 했다. 35년이 지난 오늘날 꽃밭의 구성은 다양해졌다. 자작나무*(Betula pendula)*를 비롯해서 다년생 꽃들과 채소 그리고 포도넝쿨 아래 쉼터 등이 꽃밭을 채우고 있다. 제법 큰 연못에는 거북이 가족이 헤엄치고 벌집에는 벌이 가득하다.

리즈는 39세로 세상을 떠났다. 그녀가 시작한 꽃밭에는 그녀의 이름이 붙어서 '리즈 크리스티 가든'이라고 불린다(LizChristyGarden.org). 현재는 게릴라 가드너 서른 명이 정기적으로 정원을 돌보고 있다. 2005년 시는 이 꽃밭을 센트럴 파크와 같은 수준으로 보호 받도록 정식 공동체 꽃밭으로 인정해주었다. 그린 게릴라(GreenGerillas.org) 조직은 오늘도 비영리단체로 뉴욕 전역의 수많은 공동체 꽃밭을 위해 재료, 디자인, 지역사회의 지원과 조직 등 여러 가지로 협력하고 있다.

바나나 리퍼블릭 온두라스 타카미체(1995)

제라드 윈스탠리가 17세기에 겪었던 갈등은 오늘날에도 계속된다. 막강한 지주들은 잠재적으로 풍요로울 수 있는 넓은 땅을 내버려두지만 근처에 사는 가난한 사람들은 굶주린다. 허가 없이 땅을 점유해서 농작물을 재배하는 일은 세상 어디서도 만날 수 있는 일이다. 근래에 있었던 사례 가운데 가장 인상적인 것은 원조 '바나나 리퍼블릭'(한 무리의 이익집단이나 독재자가 국가를 이익 창출의 수단으로 착취하는 불안정한 나라-역자)인 온두라스의 타카미체(Tacamiche)에서 벌어진 투쟁일 것이다.

갈등의 시작은 산후안(San Juan)의 바나나 농장에서 일하는 농업

노동자들이 물가상승률에 터무니없이 뒤처진 임금의 인상을 요구하는 파업을 감행하면서부터였다. 농장주인 미국 '치키타 브랜드 인터내셔널'은 1200헥타르에 이르는 농장을 폐쇄하고 노동자 1200명을 해고했다. 남은 노동자들은 하는 수 없이 파업을 중단했다. 그러자 치키타는 농장을 지역 회사에 매각할 준비를 했다. 그렇게 해서 노동조합에 가입해 있는 노동자들을 직접 고용해서 생산할 때보다 더 싸게 바나나(*Musa cavendishii*)를 구매하려는 것이었다.

하지만 지역 회사에 농장을 양도하기란 간단한 일이 아니었다. 온두라스에서는 노동자들이 교회, 의료시설, 직접 농작물을 재배할 수 있는 밭 등이 모두 갖추어진 농장 안에서 사는 것이 보통이었다. 타카미체 마을도 1930년대에 농장에서 만든 전형적인 마을이었다. 실직한 데다 곧 집마저 잃어버릴 처지가 된 노동자들은 게릴라 가드너가 되어 살아남는 방법밖에 없었다.

그들 가운데 하나인 호르헤 안토니오(Jorge Antonio)는 뉴욕타임스 기자에게 치키타가 어떻게 농장에서 단물을 빨아먹었으며 그 뒤 그곳에 사는 사람들은 전혀 배려하지 않고 농장을 떨쳐냈는지 설명했다. 안토니오를 비롯한 250명의 실직자들은 버려진 농장에 속한 250헥타르의 땅에 옥수수(*Zea mays*)와 콩(*Phaseolus vulgaris*)을 심었다. 1983년 코스타리카의 농장에서 고용주가 3천 명을 해고했을 때, 실직자들이 그 땅을 점유하자 코스타리카 정부가 곧 그들에게 땅을 불하할 것을 약속했었다. 그런 전례를 생각하면서 타카미체의 실직자들은 자신들의 행동이 불러올 결과에 대해 낙관했다.

하지만 타카미체의 실직자들에게 돌아온 반응은 10년 전 코스타리카의 전례와는 완전히 달랐다. 1995년 7월 26일 치키타는 실직자들을 내쫓기 위해 400명에 이르는 경찰과 군인을 보내 야구방망이를 휘두르고 최루탄과 고무탄을 쏘도록 했다. 옥수수와 콩을 심은 80헥타르의 밭이 짓이겨지고 농장 주민 26명이 체포당했다. 그러나 게릴라 가드너들은 그곳을 떠나지 않았다. 그들은 돌을 던지고 경찰을 두들겨 패며 저항했다. 추방 날짜가 연기되고 전국에서 자신들을 지지하는 목소리가 들려오자 노동자들은 싸움이 소강상태에 접어든 틈을 타서 추가로 50헥타르의 농토를 점유한 뒤 그 땅을 매수하겠다고 제안했다.

그러나 상대방은 거래를 할 마음이 전혀 없었다. 회사 측 무장 세력과 정부의 공권력은 다시는 실수를 되풀이하지 않을 결심을 하고 사람들의 증오를 불러일으킬 만한 공격 계획을 마련했다. 대통령의 허락이 떨어진 1996년 2월 1일 정부군 500명과 회사 측 패거리 400명이 최루탄을 앞세우고 농장으로 들이닥쳤다. 타카미체의 노동자 100명이 체포되었다. 회사가 고용한 사람들이 불도저로 농작물과 주거시설, 심지어 교회까지 깔아뭉갰다. 그날의 희생자 가운데 한 사람인 윌프레도 카브레라(Wilfredo Cabrera)는 뉴욕타임스 기자에게 이렇게 말했다. "불도저들이 옥수수, 후추, 토마토, 홍당무, 멜론 등 우리가 경작한 모든 농작물을 갈아엎었어요. 정말 가슴 아픈 광경이었습니다."

온두라스와 다른 나라의 인권단체들에 따르면, 치키타가 파업을 분쇄하기 위해 농장을 폐쇄하고 노동자들을 추방한 것은 온두라스의 토지개혁법과 유엔의 경제·사회·문화적 권리를 위한 국제

조약에도 어긋나는 조치라고 한다. 노동자들을 내쫓은 뒤 회사와 온두라스 정부는 보상이라는 방법으로 노동자 마을의 재건에 협력했지만 그나마 성의 없는 조치였다. 타카미체 사람들은 꿋꿋이 더 많은 권리를 요구하며 투쟁을 이어나갔다. 결국 18개월이 지나 그들은 깔끔한 집과 교회와 경작할 땅을 받게 되었다.

이 유명한 게릴라 가드너의 투쟁은 온두라스에서 치키타가 노동자들을 대하는 방식을 바꾸게 만들었다. 2001년 회사는 오랫동안 적대적으로 대하던 국제식품노동조합과 라틴아메리카 바나나 노동조합의 연합체와 국제노동기구의 규정을 지킨다는 기념비적인 협약에 서명했다.

저항은 번식한다_런던 웨스트민스터(2000)

2000년 5월 1일, 국회의사당 근처 풀로 덮인 교통섬에서 게릴라 가드닝을 하는 삽질이 영국에서 가장 신성한 흙을 파고 있었다. 적어도 그 활동에 참여한 사람들은 그렇게 생각했다. 앞으로 알게 되겠지만, 이 유명한 게릴라 가드닝 작업은 확실히 다른 게릴라 가드닝과는 달랐다.

전통적으로 메이데이는 여름을 맞이하고 풍요로운 계절을 환영하는 절기였는데, 19세기 이래 이 날은 노동계급의 갈등과 착취에 대한 저항의 날이 되었다. 21세기에 이르도록 이 날은 진화에 진화를 거듭해서 이제는 자본주의와 자본가들, 그리고 그들을 있게 한 모든 것에 저항하는 상징적인 날이 되었다. 메이데이의 주제는 느슨하게 조직된 반자본주의 연대에서 어느 집단이 가장 큰 소리로 외치느냐에 따라 조금씩 달라진다. 그러다보면 중요한 메시지는 잊히거나 왜곡되기 십상이다.

2000년에는 생태운동가 그룹이 게릴라 가드닝을 상징적인 행위로 내세워 게릴라 가드닝 운동이 전면에 나서는 계기를 만들었다. 생태운동가 그룹을 이끄는 사람들은 '거리를 되찾자'(Reclaim the Streets)라는 직접적인 행동을 중요시하는 네트워크였는데, 이들은 '지역에서 세계에 이르는 모든 차원에서 사회적·생태적 혁명을 일구어내어 계급적·전제적 사회를 극복하는 것'을 목표로 하고 있다. 그들은 하이드 파크에서 출발하는 대규모 자전거 시위를 조직해서 삼바 밴드를 앞세워 의사당 광장을 향했는데, 그곳에는 이미 1만여 명의 시위대가 모여 있었다. 그들이 든 플래카드에는 "저항은 번식한다", "런던이 싹을 틔우게 만들자" 같은 구호가 쓰여 있었다. 그들은 광장 한가운데 잔디밭을 떠내어 둘레를 지나가는 간선도로에 올려놓았다. 그리고 그 위에 허브, 사과나무(*Malus domestica*), 붉은 강낭콩(*Phaseolus coccineus*)을 심었다. 그리고 대마(*Cannabis sativa*) 씨앗을 흩뿌렸다. 그렇게 작물을 심고 이국적인 사자 배설물로 비료를 주었다. 거기에는 작은 연못도 있었고 "추가로 앵초(*Primula polyanthus*) 장식이 따른다." 보스니아에서 복무한 적도 있는 군인 제임스 매튜스(James Mathews)가 의사당 광장의 윈스턴 처칠 동상에 기어 올라갔다. 그리고는 동상에 망치와 낫 그림을 마구 붙이고 노인의 대머리에는 잔디(주로 *Lolium perenne*)를 한 줄 붙여 펑크 스타일의 모히칸족 머리로 만들었다.

생태 펑크족이 되어버린 처칠의 사진과 이날의 이벤트를 다룬 기사가 신문들의 헤드라인으로 나가면서 게릴라 가드닝은 언론에게 재미있는 기사거리를 제공했지만, 게릴라 가드닝이라는 운동을 위해서는 아무런 도움도 되지 않았다. 오후 반나절 동안 잠시 차를 몰아내고 도로를 되찾아서 즐긴 건 좋았는데 시위자들이 남긴 흙투성이 오물은 그들이 내걸었던 유머 감각 넘치는 플래카드만큼 소득이 있지 않았다. 잔디는 환경이 좋아도 재배하기가 어렵고 더구나 처칠의 벗어진 이마에서는 뿌리를 내리지 못할 것이기 때문이었다.

그런 식으로 늘어놓으면 식물을 장기간 긍정적인 자극을 주지 못한다. 그런 식물은 단지 컬러 스프레이나 화염병보다 탄소 배출이 적고 청소하기 쉬운 대용물에 지나지 않는다. 가드너들은 공감을 불러일으키는 데 서툴다. 결국 기성세대는 분노했고, 매튜스는 250파운드의 벌금을 물어야 했다.

그 이벤트가 남긴 유일한 장기적 결과는 사회 안에 있는 좀 더 온건한 요소들이 '게릴라 가드닝'에 동조하거나 섞여 지내지 않도록 막은 것이었다. 게릴라 가드너들은 요즘도 호기심 반 궁금한 마음 반으로 내게 그때 왜 그런 일이 벌어졌는지 걱정스럽게 묻는다. 최근까지도 그 이벤트는 게릴라 가드닝을 널리 알리는 것으로는 가장 효과가 큰 사건이었다. 나는 온갖 종류의 게릴라 가드닝이 있을 수 있음을 기꺼이 받아들인다. 하지만 우리 집 바로 가까이에서 벌어진 그날의 쇼를 생각하면 아직도 기분이 좋지 않다. 그 사건에 게릴라 가드닝 대신 다른 꼬리표가 붙었더라면 좋았으리라는 생각을 한다. 게릴라 정신은 보여주었지만 가드너의 사랑은 완전히 묻히고 말았으니 말이다. 그것은 '덧칠할 수 있는 그라피티'였지만 순수한 게릴라 가드닝은 '살아 있는 그라피티'인 것이다.

싸움은 진행 중_런던 엘리펀트 & 캐슬(2004)

2004년 10월 어느 화요일 밤, 앞에 소개한 역사나 게릴라 가드닝이라는 말을 전혀 의식하지 않은 상태에서 나는 1970년대에 엘리펀트 & 캐슬(Elephant & Castle, 런던 서더크 구의 교차로와 그 주변 동네를 부르는 이름-역자)에 지어진 10층짜리 아파트 단지에서 방치된 식목용기에 불법으로 게릴라 가드닝을 하고 있었다. 페로넷 하우스 바로 앞 높낮이가 서로 다른 화단들에는 오래된 관목들과 버려진 건축 폐기물과 쓰레기가 흉측하게 엉켜 있었다. 건물 현관 바로 옆의 황폐한 화단에는 잡초까지도 환영을 받지 못하는 듯했다. 오래된 흰색 부들레이아(*Buddleia davidii*)와 우거진 담쟁이(*Hedera helix*), 일일초(*Vinca minor*) 등은 그곳에서 번창 일로였다. 건물을 설계한 사람의 상상 안에서는 건물 현관에서 시작해서 번잡한 버스 정류장까지 이어지는 화려한 화단이 되리라고 여겨졌던 것을, 이 악의 축이 모두 점령하고 만 것이다.

그곳에서 게릴라 가드닝을 시작한 것은 페로넷 하우스의 아파트에 세 들어 산 지 5개월 쯤 되었을 때였다. 일 년 중 그 시기라

| 나의 첫 게릴라 가든이 만들어진 런던에 있는 Perronet House 출입구

면 정원사가 화단에서 바쁘게 보내야 할 때였지만, 눈에 보이는 것이라고는 쓰레기뿐이었다. 그래서 구청에서 쓰레기를 치워주기를 기다리지 않고 내가 먼저 청소를 시작했다.

고층 아파트 단지에서 살기로 마음먹었을 때 나는 꽃밭에 대한 욕구를 과소평가했다. 꽃밭 일이 나에게는 얼마나 재미있고 또 못 하게 되면 얼마나 갈증이 날지 깨닫지 못했던 것이다. 결국 그 공유지 화단이 가진 잠재력이 꽃밭을 갈망하는 내 마음을 채워주었다. 나를 둘러싼 오물을 치우는 일, 그리고 꽃밭을 만들 땅이 없다는 현실, 이 두 가지를 해결하는 가장 직접적인 방법이 몰래 꽃밭을 만드는 것이었다. 당시에는 방치된 또 다른 땅에 뭔가를 심거나 게릴라 가드닝을 하도록 사람들을 부추길 생각은 전혀 없었다.

어쨌든 새벽 두 시에 그곳에 갔다. 차 한 잔으로 기운을 충전한 나는 잡초를 걷어내고 그 자리에 땅을 파고 유기질 비료를 넣었다. 그런 다음 빨간 시클라멘(*Cyclamen persicum*), 라벤더(*Lavandula angustifolia*) 그리고 잎이 뾰족뾰족한 캐비지트리(*Cordyline australis*) 세 그루를 심었다. 나는 장난기 많은 젖니요정 아니면 손가락이 녹색인 야만인 같은 기분이 들었다. 그렇게 황당한 시간에 꽃밭 일을 하면 낯모르는 사람의 등장에 놀랄 이웃사람들이나 구청 직원들과 부딪히는 불상사를 피할 수 있으리라고 생각했다. 그날 저녁에는 출입구 쪽 땅을 손보았다. 실제로 해보니 꽃밭으로 만드는 데는 생각했던 것보다 훨씬 일거리가 많았다. 심은 나무들이 자라는 데도 몇 년은 족히 걸릴 것이었다.

그곳에 심은 것들은 가장 불확실한 며칠을 잘 견뎌주었다. 그

무렵 그곳에 생긴 변화를 목격한 주민들이 있다는 소문을 들었다. 사람들은 구청이 마침내 팔을 걷어붙이고 나섰다고 생각하는 모양이었다. 하지만 그때까지는 이웃사람들에게 정체를 드러낼 자신이 없었다. 그래서 계속 익명의 그늘에서 방해를 받지 않고 꽃밭 만드는 일을 계속했다.

그렇지만 게릴라 가드닝은 혼자만의 비밀로 묻어두기에는 너무나 재미있었다. 그래서 결국 기쁜 마음으로 친구들에게 사실을 털어놓았다. 또 그곳이 변하는 모습을 담은 사진과 함께 게릴라 가드닝 이야기를 블로그에 올렸다. 누가 블로그를 발견하고 어떤 반응을 보일지 궁금해졌다. 블로그의 장점은 관심을 가질만한 사람들에게 정원의 변화를 손쉽게 보여줄 수 있다는 것이었다. 검색엔진을 통해서 나의 블로그를 찾아낸 사람들은 대부분 이 게릴라 가드닝을 지지하리라고 추측했다. 인터넷 도메인을 확보할 당시에는 블로그 이름을 어떻게 붙일지 전혀 생각해보지 않았다. 'GuerillaGardening.org'이라는 도메인은 내가 하는 일을 잘 요약한 이름이라는 느낌을 주었다. 그리고 몇 주 동안은 그 이름이 나의 발명품이라고 생각했다. 몇 주 뒤 내 사이트의 검색 상황을 알아보는 도중에 나는 게릴라 가드닝에 걸리는 다른 사이트들이 많이 있다는 사실을 알고 놀랐다. 그건 정말 놀라운 순간이었다. 이 세상 구석구석에는 게릴라들이 활동하고 있었고 웹사이트들도 있으며, 게릴라 가드닝의 효시라고 할 수 있는 '그린 게릴라'를 비롯해서 생태운동을 하는 그룹들도 있고, 2000년 메이데이 시위에 대한 새로운 이야기들도 있었다. 내가 하는 활동이 커다란 흐름의 일부라는 사실을 깨달았다.

　나의 게릴라 가든에 갖가지 꽃이 만발하자 서더크 구청이 이곳 꽃밭에서 내가 하는 일에는 관심조차 없다는 확신이 들었다. 그래서 좀 더 사람들을 마주치기 쉬운 시간에 꽃밭을 돌보기 시작했다. 시간이 지나면서 블로그에 관심을 가지는 사람들이 늘었다. 그와 함께 블로그는 나의 활동 상황을 기록하는 데서 더 나아가 다른 게릴라 가드너들을 위한 느슨한 조직으로 바뀌었다. 방문자들이 '대원'으로 가입을 하고 이미 오랫동안 활동을 해온 게릴라 가드너들이 토론마당에 모습을 드러내면서 경험을 전하고 자신들의 웹사이트로 링크를 걸어주었다. 새로 가입하는 사람들은 게릴라 가드닝 활동에 협력하고 싶다는 메시지를 남기면서 조언을 구하거나 활동의 시작을 알리기도 했다.

　페로넷 하우스 바깥쪽에 있는 나의 게릴라 가든 이야기로 돌아가면……싸움은 여전히 진행 중이다. 첫 해의 탈 없는 가드닝은 계속되지 않았다. 무슨 일이 일어났는지는 잠시 후 2부에서 전하기로 한다.

PART 2
위한
가이드

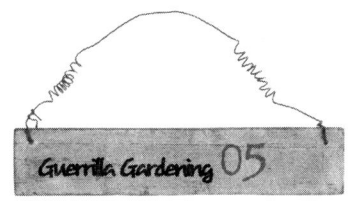

게릴라 가드너의 무기고엔 무엇이 있을까?

　게릴라 가드너가 공격 전선에 합류하려면 씨앗과 구근뿐 아니라 뭔가가 조금 더 있어야 한다. 그렇다고 중무장을 해야 하는 건 아니다. 꽃밭 만드는 일에 관심이 많은 사람이라면 작업마다 각기 다른 기구와 어떤 날씨에도 견딜 수 있는 복장, 꽃밭을 아름답게 꾸며주는 식물을 갖추는 건 당연한 일이다. 하지만 게릴라 가드너의 무장은 간소하다. 재료와 기구를 쌓아둘 창고 같은 것은 언감생심이고 식물들도 개인 정원에 있는 것만큼 안전하지는 않을 것이다. 결국 게릴라 가드너는 집에 두고 갈 것과 가지고 나갈 것을 선택할 때 효율적으로 판단하고 임기응변에 능해야 하며 융통성이 있어야 한다.

| 크리스토퍼 1594가 만든 9mm 권총 모양의 씨앗 폭탄(버지니아의 리치몬드)

프로그램 언어 DNA, 특수생명력 식물

게릴라 가드너의 무기창고에는 폭탄과 탄약 대신 식물이 있다. 가장 무서운 대량살상무기(WMD)보다 더 복잡한 이 무기의 프로그램 언어는 DNA이며 조건만 맞으면 바로 폭발해서 생명을 만들어낸다. 그리고 게릴라 가드너에게는 전쟁터의 조건에 맞게 설계된 식물이 하나쯤은 있게 마련이다. 무기가 전쟁터에 알맞다면 그것은 잘 자라서 꽃을 피우고 심지어 다른 곳으로 퍼져나가기까지 할 것이다.

무엇을 심을지 결정하기 전에 게릴라 가드너는 자기 임무가 무엇인지 스스로에게 물어보아야 한다. 이 싸움을 시작하게 된 동기는 무엇이었는가? 가장 중요하게 생각하는 것은 조경인가 아니면 수확인가? 되도록 토착 식물들을 가꾸고 있는가 아니면 원예라고 보기에 별로 어울리지 않는 꽃밭을 구상하고 있는가? 이 싸움에서 맞닥뜨리는 제약은 환경 때문에 생기는가 아니면 적에게서 오는가? 마음속에 특별한 장소를 미리 정하고 그곳에 맞을 식물을 구한 뒤 게릴라 가드닝을 시작하는가 아니면 먼저 식물을 정하고 그에 맞는 장소를 정하는가? 정기적으로 활동할 것인가 아니면 기회가 닿을 때만 할 것인가? 예정하고 있는 게릴라 가드닝이 공동체에 어떤 혜택을 줄 것인가? 그리고 이 문제를 중요하게 생각하는가? 공공에 노출된 장소일수록 그곳을 돌보는 횟수는 적어지고 임무는 게릴라 가드닝의 성격과 멀어지며 선택하는 식물은 더 특별해야 한다.

공공장소에서 원예 무기를 사용하려면 배려해야 할 것이 많다. 미국 정부가 네바다 주 사막에서 무기를 실험하듯 보통의 가드너라면 자기 뒷마당에 만든 꽃밭에서 뭘 터뜨리든 문제가 되지 않는다. 그러나 게릴라 가드너는 시작부터 최전방에 서 있는 것과 마찬가지다. 나는 세계 곳곳에서 활동하는 게릴라 가드너들의 경험을 바탕으로 몇 가지 지침이 될 만한 원칙 그리고 게릴라 가드너의 희망을 실현하기에 가장 적절한 대표 식물 몇 가지를 소개하려 한다. 백과사전처럼 상세한 목록이 아니라 상대적으로 추운 지역에 알맞은 식물을 중심으로 만든 간단한 목록이다. 게릴라 가드너들이 활동할 확률이 높은 지역을 고려하다보니 그렇게 되었다. 각자 전쟁터에 알맞은 종류를 고르고 접근 방법을 선택하면 된다.

각 식물 종에서 특히 더 알맞다고 생각하는 종류와 변종을 내세웠지만, 풍성하게 번식할 다른 종류도 얼마든지 있을 것이다. 그런 것들을 찾았거나 원예지식이 있으면 GuerillaGardening.org의 지역 게시판에 올려 공유하기를 기대한다.

자극적인 식물들

게릴라 가드닝에도 '충격과 공포' 전략이 필요하다. 게릴라 가든이 그 동네에서 시선을 끄는 곳이 되도록 만들자. 사람들이 가치를 인정하고 감탄하도록 유도하자. 눈길을 사로잡는 식물을 심어 그곳에 게릴라 가드너의 공격이 있었음을 알려주자. 곁을 지나가는 대부분 사람들의 눈에 게릴라 가든이 어떻게 보일지 생각하자. 교통이 빠르게 흐르는 곳일수록 더 크고 대담한 종류를 심어 게릴라 가드너의 노력을 알아보도록 하자. 어느 정도 자라서 이미 꽃을 피운 나무를 심으면 강한 자극을 주고 즉시 시선을 사로잡을 수 있다. 그러면 사람들이 게릴라 가드너가 이루어 놓은 성과를 간과하거나 잡초라고 오해하는 일은 없게 된다. 하지만 비용과 운반 등의 어려움 때문에 게릴라 가드너들은 결국 이미 자란 나무 대신 씨앗을 뿌린 뒤 긍정적인 결과가 나올 때까지 인내심을 가지고 기다리는 쪽을 택한다. 자극적인 식물을 심는 전략은 장난으로 식물을 훔쳐가는 도둑들의 표적이 되기 쉬우므로 주의 깊게 생각하고 선택할 전략이다.

자극을 극대화하는 데는 세 가지 중요한 원예 전략이 있다.

색이 강렬한 식물 색이 선명한 꽃이나 눈에 잘 띄는 잎이 나는 종류는 자극적인 식물로 안성맞춤이다. 색이 강렬한 식물을 넓게 심으면 멀리서도 잘 보인다.

- 수선화(*Narcissus*)와 튤립(*Tulipa*)은 가을에 심어야 한다. 이듬해 봄에는 15cm 높이로 당당하게 자라 나팔처럼 생긴 꽃을 피운다. 여러해살이 식물이어서 해마다 꽃을 볼 수 있다.
- 칸나(*Canna*)는 밝은 색 꽃과 주걱을 닮은 잎을 낸다. 칸나는 몸체가 목질(木質)이 아니고 풀로 된 식물 즉 초본성 여러해살이 식물로, 명도를 달리하는 빨강, 분홍, 노랑, 오렌지색 꽃이 핀다. 작고 단단한 씨앗 때문에 '인디언 총알'이라는 별명을

| 런던 시내 중심부에서 자라는 해바라기

갖고 있다.

| 앵초(Primula)는 초본성 여러해살이식물로 산뜻한 색의 군락을 이룬다. 꽃은 땅에 넓게 퍼지는 잎 위에서 여러 가지 밝은 색으로 피어난다. 꽃이 피는 시기는 겨울에서 봄의 중반까지다. 여기 소개한 생명력이 강한 것 말고도 구할 수 있는 변종은 엄청나게 많다.

의외의 식물 그 장소에는 결코 심지 않을 것 같은 의외의 식물을 심어 게릴라 가드닝 활동의 확실한 흔적으로 삼을 수 있다. 그런 목적이라면 크기가 남다르거나 특이한 꽃, 나무가 제격이다.

| 해바라기(Helianthus annuus)는 5미터까지 자라는 자루 위에서 햇빛을 뿜어낸다. 원래 습지에서 잘 자라지만, 건조한 땅에서도 2미터까지는 키울 수 있다. 더구나 씨앗을 먹을 수 있다. 딱딱하게 굳은 흙을 부수는 역할을 하고 토양에 포함된 납 성분을 빨아들이기도 한다. 물론 중금속에 오염된 토양을 정화할 목적으로 심은 경우에는 씨앗을 먹으면 안 된다.
| 독일가문비나무(Picea abies)는 크리스마스트리로 유명하다. 일년에 한두 달 도시 한 가운데를 장식하는 나무다. 하지만 대부분은 플라스틱 장식물과 전기 장치에 휘감겨 우울하게 죽어가는 역할을 맡는다. 누군가의 탄생을 화려하게 알리면서 동시에 나무 자신의 죽음을 알리는 것이다. 이 나무를 한 그루 심어놓으면 도시는 계절을 가리지 않고 크리스마스트리

를 즐길 수 있다. 공간이 충분해서 40미터까지 자라서 아름다움을 뽐내는 나무를 심으면 좋겠지만, '그레고리아나' 같은 왜소한 변종을 심어도 나쁘지 않다.

| 세쿼이아(*Sequoia sempervirens*)는 레드우드라고도 하는데 세상에서 가장 높이 자라는 나무다. 자연 상태로는 미국 서부에서만 볼 수 있지만 여름에 지나치게 덥지 않고 습기가 충분하면 어디서도 잘 자란다. 바람과 공해에 강하고 수명이 수천 년에 이른다. 새로 심은 나무가 우리 생전에 엄청나게 자라는 모습을 볼 수 없다는 게 아쉽기는 하지만, 뜻을 크게 품는데까짓 시간이 무슨 상관일까?

향이 강한 식물 보행자나 자전거 타는 사람이 많이 지나다니는 곳이라면 향이 강한 식물이 환영을 받을 것이다. 공해에 찌든 도시에서는 그런 식물이 천연공기정화기 노릇을 한다. 나는 게릴라 가든에서 맡는 아침 향기를 좋아한다.

| 라벤더(*Lavandula angustifolia*) 잎은 연중 향기롭고 꽃은 여름 한 철 달콤한 향기를 내뿜는다. 척박하고 건조한 토양에서도 잘 자라고 꿀벌들을 불러 모은다.
| 샐비어(*Salvia officinalis*)는 세이지라고도 하는 여러해살이풀로, 섬모가 많고 3센티미터까지 자라는 잎이 향기를 내는 부분이다. 꽃은 색이 다양하고 먹을 수도 있다. 해가 잘 드는 곳이 좋다.

| 매화공목(*Philadelphus coronarius*)은 낙엽관목으로, 3미터 정도 자라며 초여름에 향기롭고 컵 모양을 한 흰색 꽃이 핀다. 잡목이 우거진 곳과 바위가 많은 비탈이면 세계 어디서도 볼 수 있다. 따라서 아주 척박하고 오래 방치되었던 환경에서도 잘 살아남으며 알칼리성 토양을 좋아한다.

저항력이 강한 식물

방치된 환경에 대한 게릴라 가드너들의 저항이 헛되지 않게 열매를 맺으려면 식물도 저항력이 강해야 한다. 게릴라 가든에 터를 잡는 식물들은 일반 정원에서 자라는 '온실 안의 화초'들보다 거친 환경을 견디지 않으면 안 된다. 게릴라 가드너의 싸움터는 예상보다 훨씬 자연에 대해서 적대적일 수 있다. 그러므로 죽어 가는 식물을 처리하느라 분주해지지 않으려면 저항력이 강한 식물을 심어야 한다. 마음에 두고 있는 식물이라도 키워내기가 쉽지 않다는 사실을 알게 되면 포기해야 한다. 물, 빛, 영양소처럼 식물이 생육하는 데 꼭 있어야 하는 것들이 늘 모자라는 곳일 수도 있으니 그렇다. 예정된 장소를 잘 살펴서 이전 상황이 어땠는지 확인해야 한다. 그렇게 해서 사정을 잘 알게 되면 심을 수 있는 식물의 종류를 제한하는 문제점을 미리 해결할 수도 있다. 물론 중요한 것은 자연 상태를 최우선으로 존중하고 그에 맞는 식물을 심는 일이다.

가뭄에 강한 식물 비가 일정하게 내리지 않는 지역이거나 정기적으로 물을 줄 수 없는 환경이라면 그런 조건에 적응할 수 있는 식물을 심어야 한다. 지중해성 식물과 고지성(高地性) 식물은 건조하고 따뜻한 기후를 좋아한다. 잎이 작거나 기름 성분이 많은 식물은 가뭄에도 잘 견딘다.

| 돌나물(*Sedum acre*)은 가뭄에 강한 여러해살이 다즙식물로, 거의 장소를 가리지 않고 자란다. 해가 잘 들면 좋지만 꼭 그래야 하는 것은 아니고 토양이 척박해도 괜찮다. 꽃은 갖가지 색으로 피고 늘 푸른 변종도 있다.
| 안개꽃(*Gypsophila paniculata*)은 고지성 식물로 메마르고 바위투성이인 비탈에서 잘 자란다. 둔덕을 이루듯 모여 자란다. 폭이 45센티미터에 이르고 꽃잎이 다섯 장인 흰색 꽃이 점점이 피어난다. 가뭄에도 잘 견딘다.
| 눈꽃(*Iberis sempervirens*)은 이베리스, 캔디터프트라고 불린다. 안개꽃과 마찬가지로 둔덕을 이루듯 모여 자라므로 지면을 덮는 데 효과가 좋다. 같은 종 안에는 한해살이도 있지만 눈꽃은 잎이 지지 않은 채로 한 해 넘게 살면서 늦봄에서 초여름까지 흰색 꽃이 풍요롭게 핀다. 이 꽃은 꽃등애가 꾀는데, 꽃등애는 정원에 흔한 해충을 구제하는 데 힘을 보태는 익충이다.
| 헤베(*Hebe franciscanailla*)는 질경이과에 속하는 상록관목으로 공해, 아주 메마른 땅, 염분에 강하고 그늘에서도 잘 자란다. 여름부터 가을에 걸쳐 분홍빛이 도는 자주색 꽃이 핀다.

그늘에 강한 식물 식물은 대부분 하루 네 시간에서 여덟 시간 햇빛을 받아야 한다. 게릴라 가든으로 예정된 장소가 고층건물이나 큰 나무에 가려 종일 해가 들지 않는다면 그런 환경에 맞는 식물을 골라야 한다.

- 디기탈리스(*Digitalis purpurea*)는 여우장갑이라고도 불리는데 거의 모든 토양과 조건에서 잘 자라는 삼림 식물이다. 창처럼 생긴 꽃대는 한 철에 2m까지 자라며 자주색, 분홍색, 흰색 종 모양의 꽃이 달린다. 디기탈리스는 스스로 씨를 뿌려 다음해에는 더욱 풍성하게 올라온다. 씨앗을 심는 경우에는 두 번째 해에 꽃을 볼 수 있다.
- 시베리아 무릇(*Scilla siberica*)은 연청색 구근 식물로 꽃은 색이 강렬하고 고개를 숙인 모습이며 줄기는 구부러진 상태로 15cm 정도 자란다. 나무 그늘 등에서 거침없이 번식하고 봄에 꽃을 피운다.
- 시클라멘(*Cyclamen hederifolium*)은 메마르고 그늘진 장소를 좋아한다. 분홍색 꽃을 피워 가을과 겨울을 장식한다. 여름에 완전히 죽었다가 다음해 봄에 다시 살아난다.

척박한 토양에 강한 식물 약해지고 척박해진 토양은 쉽게 나아지지 않는다. 따라서 그런 곳에서는 양분이 아주 적은 흙에서도 잘 자라는 식물을 골라야 한다.

| 한련화(*Tropaeolum majus*)는 척박한 토양에서도 맹렬하게 자라면서 나팔을 닮은 빨간색, 오렌지색, 노란색 꽃을 피운다. 잎은 지면이나 담장을 덮으며 넓게 퍼진다. 꽃은 여름 내내 지지 않는다. 철이 지나면 완전히 죽지만 씨앗을 남겨서 다음해에는 더욱 풍성하게 되살아난다. 잎과 꽃은 샐러드 재료가 되고 씨앗은 피클로 만들기도 한다.

| 뻐꾹나리(*Tricyrtis hista*)는 물이 잘 빠지는 곳이라면 어디든 잘 자라며 커다란 무리를 이룬다. 일조량 조건에 그다지 까다롭지 않고 가혹한 겨울 날씨도 잘 견딘다. 꽃은 별 모양이고 흰색과 자주색이 섞여 있다.

| 서양톱풀(*Achillea millefolium*)은 생존력이 대단한 여러해살이 식물이다. 분홍색 꽃이 가득 열리고 잎은 광택 없는 빨간색과 노란색 꽃이 피는 변종들도 있고 알칼리성 토양을 좋아한다.

알칼리성 토양에 잘 견디는 식물 건물이 철거된 장소나 건축 폐기물 때문에 울퉁불퉁해진 땅은 시멘트 때문에 알칼리성이다. 그런데 이 알칼리성 토양은 어떤 식물에게는 독이나 마찬가지다. 다음 식물들은 pH 농도가 높은 곳에서도 잘 견딘다.

| 금잔화(*Calendula officinalis*)는 눈길을 끄는 꽃이다. 풍성하게 번식하고 빨리 자리며 오렌지색과 노란색 꽃이 몇 달 동안 핀다. 강한 산성과 강한 알칼리성 토양 어느 쪽에서도 잘 자라고 효용이 가장 다양한 약용 식물이다. 피부병에 좋고 열을 낮

| 척박한 토양에서도 맹렬하게 자라는 한련화

추며 머리 염색에도 쓰인다. 꽃잎으로 만든 차는 혈액순환을 돕는다고 한다.

| 스핀들 트리(Euonymous fortunei)는 관리가 수월하고 모양이 다양하다. 사철 푸른 나무이면서 잎은 노랑, 하양, 빨강, 초록 등이 섞여 있고, 울타리로도 적당하고 땅을 덮는 용도에도 알맞다.

| 라일락(Syringa vulgaris)은 아름답고 낙엽이 지는 교목으로 특히 알칼리성 토양을 좋아한다. 벌집을 닮은 커다란 자루 모양의 꽃은 보라색과 연분홍색 사이의 다양한 색상으로 핀다. 1919년 미국 뉴햄프셔 주를 상징하는 꽃으로 정해졌는데 "화강암 주(Granite State, 뉴햄프셔 주의 별명)의 남녀처럼 강인한 성격을 잘 나타내기 때문"이라고 한다. 그곳에 사는 어떤 사람은 내게 돈을 보내면서 런던에 라일락을 심어달라고 부탁했다. 지금 엘리펀트 & 캐슬에는 라일락 가운데 '프린스 월콘스키' 품종이 잘 자라고 있다.

바람에 강한 식물 공공용지는 바람과 달리는 자동차들이 일으키는 충격파에 노출되어 있는 경우가 많다. 그런 환경에는 풍성하고 좁은 잎이 나는 나무를 심어 그 안쪽에 있는 잎이 부드러운 나무를 보호하도록 한다.

| 향나무(Juniperus sco;ulorum)는 침엽수로 몸통은 적갈색이고 가지는 옆으로 넓게 퍼진다. 햇볕이 뜨거운 곳을 비롯해서 여러 가

지 환경을 잘 견디는 식물이다.
| 개나리(*Forsythia*)는 강인한 낙엽교목으로 이른 봄에 노란색 꽃이 흐드러지게 핀다. 덤불을 거의 2*m*까지 자란다.
| 오리새(*Dactylis glomerata*)는 촘촘히 자라면서 덤불을 이룬다. 얼룩무늬가 있는 잎이 무성하게 퍼진다.

염분에 강한 식물 눈이 자주 오고 얼음이 어는 지역에서는 길에 염분을 뿌린다. 게릴라 가든이 그런 고속도로처럼 유독한 환경에서 멀지 않다면 염분에 강한 식물을 심도록 한다.

| 피토스포럼(*Pittosporum tenuifolium*)은 반들거리고 다양한 색의 잎과 꿀 향기가 나는 꽃이 매력적인 상록 교목이다. 서리에 강하고 햇볕이 잘 드는 곳이나 부분적으로 그림자가 지는 곳 등을 가리지 않고 잘 자란다.
| 아프리카 데이지(*Osteospermum jucundum*)는 보기 좋고 오래가는 상록 덤불로 자란다. 늦봄에서 가을에 걸쳐 데이지를 닮은 꽃이 다양한 색으로 핀다.
| 펜스테몬 디기탈리스(*Penstemon digitalis*)는 초여름에 트럼펫을 닮은 꽃을 피우고 1.5*m* 정도 자란다. 색깔이 다양하고 강인한 여러해살이풀로 염분이 있거나 마른 땅에서도 잘 자란다.

번식력이 강한 식물
작은 노력으로 전투에 이기려면 수명이 길고 방해만 받지 않으

면 스스로 멀리 퍼지는 무기를 골라야 한다. 그런데 그런 무기는 장점도 있지만 위험도 따른다. 그런 식물의 번식력은 주변 환경을 장악하여 다른 모든 것들의 숨통을 끊는다. 그렇게 되면 결국 다른 식물을 보호하기 위해 자기가 심을 식물을 제거해야 하는 일도 벌어진다.

번식력이 강한 식물을 심고 싶다면 토종 식물을 고르도록 신경을 써야한다. 번식력이 강한 식물이 토종이 아닌 경우에는 지역의 생태계를 교란하고 이미 자리를 차지하고 있는 종들을 위협하게 된다. 웨일스 지방에 많은 만병초(*Rhododendron ponticum*)가 그런 종이다. 아시아가 고향인 이 식물은 19세기에 영국으로 전해졌다. 만병초는 새로운 고향에 너무도 잘 적응해서 곧 꽃밭 울타리를 넘어 북 웨일스의 언덕들과 그 주변을 빽빽하게 뒤덮으며 토종 식물의 씨를 말렸다. 이런 식물은 꽃밭을 벗어나지 않도록 관리할 자신이 있을 때만 심는 것이 좋다.

지중식물 뿌리와 뿌리줄기가 군락을 이루어 번식하는 식물이다. 조금이라도 공간이 있으면 번져나간다.

| 녹양박하(*Mentha spicata*, 스피어민트)는 여러 종류가 있는데 각 종류에 따라 박하향과 잎의 색이 다르다. 대단히 공격적으로 번식하는 식물이어서 이동형 또는 매립형 화분에 심는 경우가 많다. 맨땅에 심으면 뿌리가 퍼져나가 넓은 지역이 화살촉 모양의 박하잎으로 가득 차게 된다. 추위에 강하고 척박

한 토양에서도 잘 자란다.
| 애기범부채(*Crocosmia crocosmiiflora*)는 거친 기후에 잘 견디는 식물로 해마다 봄이 오면 뾰족뾰족한 잎을 낸다. 늦여름에 작고 깔때기 모양을 한 오렌지색 꽃이 핀다. 덤불을 이루며 거침없이 번식한다.
| 아욱메꽃(*Convolvulus althaeoides*)은 여러해살이풀로 다른 덤불과 담장을 넘어 퍼져나간다. 거친 땅에서도 걷잡을 수 없이 번식해서 곤란하기는 하지만 여름 중반에서 늦여름에 걸쳐 피는 깔때기 모양의 분홍색 꽃은 무척 아름답다.

기생(氣生)식물 바람이나 동물이 씨를 퍼뜨리는 식물은 적당한 환경에 떨어지기만 한다면 다른 식물보다 더 멀리 퍼진다.

| 금영화(*Eschscholzia californica*, 캘리포니아 양귀비)는 자갈밭이나 거친 땅을 가리지 않고 잘 자란다. 여름이 되면 가느다란 잎 아래쪽에서 밝은 오렌지색에 얕은 컵 모양을 한 꽃이 핀다. 한해살이풀이지만 스스로 씨를 남겨 해마다 다시 자라난다.
| 코스모스(*Cosmos bipinnatus*)도 스스로 씨를 남겨 해마다 다시 나는 한해살이풀이다. 작은 그릇처럼 생긴 흰색과 분홍색 꽃이 보기 좋게 핀다. 황량한 장소에서도 잘 자라지만 수분이 적은 알칼리성 토양을 좋아한다. 줄기는 종류에 따라 30~150cm로 다양하다.
| 부들레이아(*Buddleia davidii*)는 가장 거친 환경에서도 살아남는

식물이다. 담벼락 석회가 갈라진 틈이나 흙이 거의 없는 돌밭에서도 자란다. 활 모양으로 갸름한 줄기에 창처럼 길고 뾰족한 잎이 달린다. 라일락을 닮은 보라색 꽃은 길이가 30cm에 이르고 여름에서 가을에 걸쳐 핀다. 부들레이아는 아무것도 없는 땅에서 처음 자라기 시작하는 식물이다. 가장 흔한 부들레이아(*Buddleia davidii*)는 가을에 잎이 지지만 일 년 내내 잎이 푸른 종류도 있는데(*B. asiatica, B. auriculata*), 이런 종류들은 흰색 꽃이 핀다.

방어를 위해 심는 식물

게릴라 가드너들은 여러 가지 면에서 방어를 위한 싸움을 벌이지 않으면 안 된다. 꽃밭을 깔아뭉개는 불도저를 막는 식물은 없지만 다행히 그런 위험은 게릴라 가드너들이 자주 겪는 것은 아니다. 방어를 위한 식물은 그보다는 좀 더 흔한 침입자를 막기 위해 심는다. 게릴라 가든과 평범한 꽃밭을 가리지 않고 닥치는 위험은 잡초와 병충해다. 그런데 공유지에 만든 꽃밭에는 인도를 벗어나는 행인이라는 위험요소가 더해진다.

식물 울타리 버려진 땅을 지름길로 이용하거나 간이화장실 또는 쓰레기장으로 여기는 사람들을 막기 위해 식물 울타리를 만들기도 한다. 게릴라 가든을 좀 더 잘 관리하고 오래 유지하기 위해 폐쇄형 정원을 만드는 경우에는 아예 금속제 울타리를 치면 된다. 그게 마음에 들지 않으면 식물 울타리가 비용이 적게 드는 적당한 대안이 될 것이다. 금속제 울타리를 친다고 해도 일부러 들어오려는 사람들이나 다른 게릴라 가드너를 막을 수는 없을 테니 말이다. 식물 울타리를 만드는 데는 상록관목이나 상록수가 잎도 날카롭고 보기에도 좋아서 적당하다.

| 매자나무(*Berberis stenophylla*)는 가지와 잎이 날카로운 상록관목이다. 게다가 노란 꽃과 파란 열매가 예쁘게 달린다. 거친 환경에서 잘 자라고 가리는 토양이 거의 없으며 최대 3m까지 자란다.
| 피라칸타(*Pyracantha atalantioides*)는 여름 끝자락에 오렌지색과 빨강이 섞인 밝은 열매를 맺는다. 잎은 톱날 모양이고 빽빽하게 덤불을 이루는 데다 거의 6m까지 자라므로 자연스럽게 담장을 이룬다.
| 서양호랑가시(*Ilex aquifolium*)는 옛날부터 크리스마스 장식용으로 쓰이는 나무지만 일 년 내내 즐길 수 있는 식물이기도 하다. 이 덤불 나무는 날카롭고 암녹색인 잎을 내며 2.5m까지 자란다.

잡초를 몰아내는 식물 정기적으로 잡초를 뽑을 시간이 나지 않는다면 색깔이 아름다운 덤불을 이룸으로써 잡초를 몰아내는 식물들을 심는 방법도 괜찮을 것이다.

| 제라늄(*Geranium*)은 찢어진 모양의 잎과 봄과 여름에 라벤더처럼 파란색 꽃을 내며 빽빽하게 자란다. 퍼지는 지름이 75cm

정도인데 워낙 빽빽하게 자라서 잡초가 생길 틈을 조금도 주지 않는다.

| 서양조개나물(*Ajuga reptans*)은 지면에 붙어 1m까지 퍼지고 짙은 청동색 잎은 크림색과 분홍색이 섞여 있다. 습기를 좋아하고 반쯤 그늘이 지거나 양지바른 곳에서 잘 자란다.

| 담쟁이(*Hedera helix*)는 보통 담쟁이덩굴이라고 하는데 옆으로도 빽빽하게 잘 자라며 메마른 땅도 괜찮다. 변종인 담쟁이 글라시어(*Glacier*)는 잎에 다양한 색의 무늬가 있고 옆으로 2m까지 자란다.

병충해와 싸우는 식물 화학약품을 뿌리지 않으려면 꽃등애, 풀잠자리, 무당벌레 같은 포식자를 유혹하는 식물을 심는다. 그런 포식자들은 진딧물이나 진드기처럼 성가신 것들을 잡아먹는다.

| 만수국(*Tagetes*)은 매리골드라고도 불린다. 탁한 오렌지색의 꽃은 꽃등애를 유혹하고 뿌리에서는 감자뿌리 선충을 쫓는 물질이 나온다. 아프리칸 매리골드는 덩치가 크고 프렌치 매리골드는 작은 종류다. 늦봄에 씨를 흩뿌려놓으면 쉽게 발아하고 알칼리성 토양에도 잘 견딘다.

| 파셀리(*Phacelia tancetifolia*)는 전갈풀이라고도 하는 한해살이풀로 파란 라벤더 색에 종 모양을 한 꽃이 꽃등애를 꾄다. 해가 잘 들기만 하면 돌이 많거나 덤불이 무성한 곳에서도 매우 잘 자란다.

| 림난테스(*Limnanthes douglasii*)는 화려한 한해살이풀로 벌과 꽃등애를 불러들일 뿐 아니라 스스로 씨를 뿌려 해마다 다시 나며 거친 장소에서도 잘 자란다. 초여름에 컵 모양의 꽃이 군락을 이루며 핀다. 꽃의 모습이 수란(水卵) 같아서 '수란풀'이라는 별명이 있다.

생산력이 있는 식물

게릴라 가든에서 연중 먹을 수 있는 생산적인 채소를 재배하려면 일반 정원과 같은 조건을 갖추어야 한다. 다시 말해서 물도 규칙적으로 주고 토양도 기름져야 하며 악천후와 침입자와 도둑들로부터 식물을 지킬 보호 장치를 마련해주어야 한다. 이렇게 생산을 도와주는 안전장치와 시설을 갖춘 게릴라 가든도 많은데 대부분 공식적인 커뮤니티 가든으로 인정받은 곳들이다. 작은 규모로 채소를 재배한다면 조건이 완전하게 갖추어지지 않아도 괜찮다. 다만 작물에 해로운 환경은 아닌지 신경을 써야 한다.

생명력이 강한 식물 몇몇 식물은 놀라울 정도로 생명력이 강하다. 영양분을 충분히 공급하거나 규칙적으로 물을 주지 않아도, 문자 그대로 '방치해도' 잘 자란다.

| 감자(*Solanum tuberosum*)는 버려진 땅에 심기에 완벽한 작물이다. 경작한 적이 없는 곳에서도 잘 자랄 뿐 아니라 단단히 다져진 흙을 부수어 땅을 비옥하게 만드는 역할도 한다. 처음 게

| 베를린의 게릴라 가든 '가르텐 로자로제'에서 자라는 근대

릴라 가드닝을 시도하는 사람도 쉽게 도전해볼 수 있다. 꽃밭을 다양하게 만드느라 여러 가지를 심어 공간이 부족한 경우에도 심을 수 있는 개량종들이 있다('포틀랜드 재블린'나 '에피큐어').

| 근대(*Beta vulgaris var. cicla*)는 척박한 토양에서도 잘 자라고 별로 손을 대지 않아도 좋은 식물이다. 살짝 서리를 맞아도 괜찮을 정도로 관리가 쉽다. 잎은 여러 가지 비타민과 영양분이 풍부하므로 일찍 수확해서 샐러드로 먹으면 가장 좋다.
| 양파(*Allium cepa*)는 물이 잘 빠지는 곳이면 어디서든 비교적 쉽게 재배할 수 있다. 한동안 갈지 않았던 땅은 양파 해충인 고자리파리를 막아주므로 그런 곳에서 오히려 잘 자란다. 양분이 풍부한 흙에 심어 규칙적으로 물을 주면 크고 즙이 많은 양파를 수확할 수 있지만, 좀 품질이 떨어지는 양파도 괜찮다면 조건이 그렇게 좋지 않아도 충분히 재배할 수 있다.

방어적인 식물 우발적인 도둑과 훼방꾼을 막는 데는 몇몇 식용 식물이 여러 가지 방어 기술을 동원하는 것보다 효과적이다.

| 무(*Raphanus sativus*)는 땅 속에서 대단히 빨리 성장해서 씨를 뿌리고 4주만 지나면 수확할 수 있다. 어느 정도 비옥하고 물이 잘 빠지는 땅을 선호하지만 조건이 그다지 좋지 않아도 잘 견딘다.
| 서양오엽딸기(*Rubus fruticosus*)의 가시투성이인 덤불을 헤치는 수

고를 마다하지 않는다면 맛있는 야생 딸기를 맛볼 수 있다. 사람이 돌보지 않아도 완벽하게 스스로 자라며 영국 전역에서 볼 수 있다. 양지바르고 배수가 잘 되면서도 수분이 충분한 담장 아래라면 최상의 조건이지만 그렇지 않아도 괜찮다.

| 누에콩(Vaca faba)은 넘어가기 어려울 정도로 높이 키울 수 있다. 해가 잘 드는 곳이 좋지만 가뭄에도 잘 견디고 토양을 가리지 않는다. 누에콩은 소출이 많을 뿐 아니라 뿌리혹에 있는 박테리아가 질소를 흙 속에 고착시켜 토양을 비옥하게 만드는 노릇도 한다.

식물 조달하기

공유지에 식물을 심으려면 너그럽고 근검한 마음가짐이 있어야 한다. 게릴라 가드너가 재배한 꽃은 누구나 즐길 수 있지만 동시에 누구나 꺾을 수도 있다. 처음 게릴라 가드닝을 시작한 사람은 이 점에 몹시 신경이 쓰인다. 그래서 온갖 적들에게 무방비로 노출되어 있는 식물에 돈을 들이기를 꺼린다. 여러 가지 이유로 망가지는 식물이 생기기 때문에 완전히 자신이 생기기 전에는 가장 아끼는 것들을 전면에 배치하지 않는 것이 좋다.

돈을 물 쓰듯 하는 사람이 아니라면 비용을 많이 들이지 않고 식물을 마련할 방도를 구하기를 권한다. 전사라면 누구나 먼저 손쉽게 얻을 수 있는 무기를 확보해야 한다. 게릴라 전사도 마찬가지다. 자기 정원이 있어서 종자와 꺾꽂이 재료를 쏟아내는 무기고를 확보한 경우도 있을 것이다. 그렇지 않다면 집 밖에서 동지를 찾아야 한다. 마음씨 고운 이웃, 여분의 식물이 있는 종묘사, 게릴라 가드너의 웹사이트를 방문하는 사람들이 그런 동지가 될 수 있다. 캐나다 앨버타 주 레스브리지(Lethbridge)에 사는 로라(Lora) 3082가 자신의 게릴라 가든을 사람들에게 알리자 비료 자루를 던져놓고 가는 사람이 생기기도 했다. 게릴라 가든 용지를 지켜낼 수 있다는 자신감이 커지면 이제 좀 더 복잡하고 비용이 많이 드는 식물을 심는 문제를 고려해본다. 공짜로 주겠다는 제안이 있으면 뭐든 받아준다. 특히 게릴라 가든을 만든 지 얼마 지나지 않았을 때는 자신이 계획한 틀에 좀 맞지 않는다고 기부를 거절하는 일은 없도록 한다. 융통성과 열린 마음이 필요하다. 식물을 안정적으로 조달하게 되면 그때 가서 이전에 원하지 않았지만 할 수 없이 심었던 것들을 치울 수 있기 때문이다.

1. 게릴라 가드너 자신이나 동지의 정원이 있다면 까다로운 식물들을 일정한 정도까지 키우는 장소로 사용한다. 그리고 저절로 발아한 싹과 웃자라거나 쇠약해진 식물을 다른 게릴라 가든으로 옮겨심기 위한 중개지로 사용할 수도 있다. 저절로 자란 식물은 잡초와 다름없지만 게릴라 가든이라는 뜻에 알맞게 손이 많이 가지 않는 훌륭한 식물이라고 할 수 있다.

2. 종묘상에는 때때로 치워야 할 허접한 식물들이 있게 마련이다. 그 가운데는 팔기에는 외관이 떨어지지만 앞으로 얼마든지 오래 살 수 있는 것들이 있다. 여름이 지나갈 무렵의 초본식물이

나 낙엽식물은 싸게 사는 식물로는 최고의 선택이다.

3. 직업 정원사(행정기관 소속인 정원사를 포함해서)는 정원 모습을 개조하기 위해 파낸 여분의 식물이 있는 경우가 많다. 그 식물에 양분을 주어 건강을 되찾도록 하는 것보다 묘목장에서 새 식물을 가져다가 대체하는 편이 비용이 덜 든다고 판단해서 그렇게 하는 것이다. 그렇게 여분으로 남은 식물을 없애는 것도 마음이 편치 않으므로 그것들을 좋은 목적으로 치워주면 서로에게 바람직한 일이다.

4. 우리가 먹는 식품에서 씨앗을 얻는 방법도 있다. 토마토(*Solanum lycopersicum*), 후추(*Capsicum annuum*), 사과(*Malus domestica*) 등은 그렇게 씨앗을 얻을 수 있다. 그 씨앗들을 작은 토기에 심어 물을 주고 투명한 비닐로 싼 뒤 싹이 날 때까지 기다린다. 서리가 내릴 염려가 없는 시기를 골라 그 싹을 바깥에 심으면 된다.

5. 쉽기는 하지만 비용을 치러야 하는 방법은 묘목을 구매하는 것이다. 교통편과 예산에 따라 종묘를 다루는 도매상이나 소매상을 찾는다. 씨앗, 구근, 묘목은 그다지 비싸지 않으며, 동지를 찾고 그들로부터 기부 받은 것들을 가져오는 것보다 빠르고 간편한 방법이다.

6. 물론 시간이 지난 뒤에는 게릴라 가든 자체가 가장 좋은 식

물 공급원이 된다. 열심히 번식해 나가는 식물에서 씨를 얻고 덤불을 쳐내고 가지를 꺾으면 식물 생장에도 도움이 된다. 게릴라 가든의 무기고는 살아 있는 유기체임을 명심하자.

게릴라 가드닝 운동에서 급진파에 속하는 사람들은 로빈 후드 방식으로 식물을 조달하자고 제안하기도 한다. 부자들 꽃밭에서 훔쳐 가난한 동네를 꾸미자는 것이다. 하지만 나는 그런 제안에 단호하게 반대한다. 그건 도둑질일 뿐 아니라 그게 누구 것이든 꽃밭을 파괴하는 행위이기 때문이다. 그런 파괴는 우리가 싸우는 명분에 정면으로 배치되는 행동이다.

최고의 무기_씨앗 폭탄

씨앗을 무작위로 흩뿌리는 것은 게릴라 가드닝 가운데 가장 손쉬운 방법이다. 아무런 도구도 사용하지 않고 즉시 그리고 간단히 할 수 있는 게릴라 가드닝이라고 할 수 있다. 그렇게 뿌려진 씨앗 가운데 일부는 죽고 나머지는 살아남는다. 씨앗을 뿌리기 위해 가던 길을 멈출 필요도 없다. 토니(Ton) 830은 60번 국도를 달리다가 바턴 브리지(Barton Bridge)를 지나면서 웰시포피(*Meconopsis cambrica*, 노란양귀비) 씨앗 몇 주먹을 흩뿌렸다. 노란 꽃이 피는 웰시포피는 습한 곳과 건조한 곳을 가리지 않고 잘 자라므로 그런 식으로 융단폭격을 하기에 알맞은 종류다.

씨앗이 싹을 내려면 흙과 물이 있어야 하고 따라서 흩뿌려진 씨앗은 적당한 조건이 갖추어진 곳에 떨어져야 한다. 돌과 쓰레기로 뒤덮인 어느 산 하나를 아름답게 만들고 싶다면 씨앗을 뿌리는 것만으로는 충분하지 않다. 그런 땅은 식물을 키울 양분이 모자랄 뿐 아니라 그런 곳에 떨어진 씨앗은 햇볕에 노출되어 말라죽거나 쥐와 새들의 먹이가 되고 만다. 그렇지만 씨앗 폭탄은 여전히 게릴라 가든을 만드는 스마트한 방법이므로 씨앗 폭탄을 제대로 만드는 방법을 알 필요가 있다. 제대로 된 방법으로 집에서 만든 씨앗 폭탄에는 흙과 물이 들어 있어서 씨앗이 싹을 내는 과정을 돕는다. 그리고 수류탄처럼 만들어져서 다른 방법으로는 뿌리기 어려운 장소까지 닿도록 던질 수 있다. 울타리로 막혔거나 파종을 하면서 시간을 보내기에는 위험한 장소가 그런 곳이다.

캘리포니아에서 미술을 가르치는 캐스린(Kathryn) 079는 1991년부터 씨앗 폭탄을 사용한다. 캐스린은 퇴비, 토종 식물의 씨앗, 막대사탕이나 소 사료의 접합제로 쓰이는 옥수수 녹말 등을 섞어 다져서 아보카도 모양의 씨앗 폭탄을 만든다. 그녀는 이 씨앗 폭탄을 대량으로 만들고 갤러리에 전시한 적도 있으며 우기가 시작되면 캘리포니아 여러 곳을 다니며 던진다. 그런 씨앗 폭탄을 만들 아이디어는 가뭄에 시달리는 산타바버라(Santa Barbara)에서 얻었다. 전에는 아름다웠던 그곳이 비가 오지 않아 황량하게 변한 모습을 본 것이다. 그녀는 예술을 활용해서 그곳을 화려했던 옛 모습으로 되돌리고 싶었다.

엘라(Ella) 1305와 에이미(Aimee) 1306은 생물분해가 가능한 정교한 씨앗 폭탄을 만들었다. 그것은 속을 빼낸 달걀을 야생화 씨앗과 퇴비로 채운 뒤 껍질에 희망의 메시지를 적은 것이다.

이보다 더 강력한 씨앗 폭탄도 있다. 미국 버지니아 주 리치먼드(Richmond)에 사는 크리스토퍼(Christopher) 1594는 총처럼 생긴 씨앗 폭탄을 만들었다. 그는 항아리를 만드는 곳에서 토분을 얻어 다섯 부분으로 된 틀을 만들어 씨앗 폭탄을 찍어냈다. 퇴비, 야생화 씨앗과 물 등을 경찰과 범죄자들이 쓰는 9mm 권총 모양의 각 부분에 넣은 것이었다. 덴마크의 게릴라 가드닝 모임에서는 N55 로켓 시스템을 만들었다. 이것은 폴리에틸렌과 아산화질소 혼합물을 채운 커다란 무기로 자전거 뒤에 매달고 끌 수 있게 되어 있다.

씨앗 폭탄을 던진 곳은 더 이상 돌보지 않고 내버려두게 된다. 따라서 그곳의 토종 식물이 이루고 있는 생태계에 잘 어울리는 씨앗을 뿌리도록 신경 써야 한다. 그렇지 않으면 공격적인 종으로 원래의 자연 환경을 교란하는 주인공이 될 위험이 있기 때문이다.

미래를 보장하는 현란 무기, 가드닝 도구

게릴라 가드너는 기본적으로 아무런 도구도 필요하지 않다. 씨앗을 뿌리는 데 전문가들이 쓰는 장비가 있어야 하는 건 아니니까 말이다. 하지만 씨앗이 좀 더 확실하게 싹을 틔우고 자라도록 하려면 먼저 땅을 갈아야 한다. 딱딱한 땅보다는 부드러운 땅이 뿌리를 내리기에 유리하기 때문이다. 이를 위해서 사디크(Saddiq) 754는 플라스틱 포크를 사용하고 지라솔(Girasol) 829는 나사를 돌

| 캐스린 079가 캘리포니아 산타바버라에 있는 레이시언 공장 앞 황폐한 곳에 씨앗 폭탄을 던지고 있다

리는 드라이버를 쓴다. 그렇지만 전문적인 도구를 구할 수만 있다면 쇠스랑을 권한다. 그런 도구로 땅을 긁어도 좋지만 갈아엎는 것이 가장 바람직하다. 말하자면 쇠스랑은 게릴라 가드너를 위한 첫 번째 도구다. 한 단계 올라가면 모종삽이 있다. 모종삽은 심겨 있는 식물을 파내기 위해 넉넉한 크기로 땅을 파는 데 쓰인다. 좋은 땅에 작은 식물을 심거나 구근을 파묻고 나무 보호시설을 손보는 정도인 소규모 게릴라 작전이라면 이 두 도구만 있어도 충분하다.

파급효과와 규모가 좀 더 큰 정원을 만들기를 원하는 게릴라 가드너는 더 큰 도구들을 무기고에 마련해 두어야 한다. 오랫동안 내버려져 있던 땅은 보통 돌투성이에 잡초가 가득하거나 햇볕과 빗줄기와 행인들의 발길에 다져져 무척 딱딱할 것이다. 그런 곳을 다듬으려면 큰 쇠스랑과 삽이 있어야 한다. 먼저 쇠스랑으로 흙을 부드럽게 만들고 딱딱한 덩어리들을 부수고 잡초나 돌덩이처럼 방해가 되는 것들을 손으로 잡아 뽑는다. 삽은 흙을 파서 뒤집어 공기를 통하게 하고 퇴비와 비료를 흙과 뒤섞는 데 쓴다.

흙을 파서 뒤집었으면 이제 평평하게 다듬어야 한다. 그래야 비가 오더라도 물웅덩이가 생기지 않고 또 묘목이나 씨앗을 심기에 좋기 때문이다. 그를 위해서는 갈퀴를 그냥 땅에 대고 끈다. 쇠스랑을 뒤집어서 끝을 위로 하고 끌면 갈퀴와 같은 용도로 쓸 수 있다. 마무리로는 열성적으로 일하느라 뿌려진 흙덩어리들을 뻣뻣한 솔로 쓸어낸다.

이미 무성해진 식물들을 다듬어야 한다면 덤불을 잘라낼 전지

가위가 있어야 한다. 동력장치가 붙은 장비는 게릴라 가드너의 필수품은 아니다. 그런 것들을 쓰면 수동 장비로 전투를 치르는 재미를 느끼지 못한다. (사실 나도 동력 기구의 도움을 받은 적이 한 번 있다. 샘(Sam) 076은 체인톱으로 내가 돌보는 게릴라 가든에서 웃자란 부들 레이아를 잘라주었다.)

기왕이면 품질이 좋은 도구를 사는 게 좋다. 상점에서 파는 도구들은 가격이 천차만별이다. 처음 도구가 필요했을 때 나는 싼 것을 샀다. 그런데 그것들은 런던 곳곳을 다니며 굳은 땅과 곳곳에 숨은 콘크리트 덩어리와 전투를 치르자 금세 망가졌다. 대원 번호가 008인 우리 어머니는 할아버지가 쓰시던 삽과 쇠스랑을 빌려주셨다. 그런데 50년 된 이 도구들은 사용한 지 5분 만에 부러지고 말았다. 다루기 편한 손잡이가 달리고 아주 튼튼한 것으로 마련하는 것이 좋다. 비싸게 느껴지겠지만 그런 것들은 평생 쓸 수 있다. 그리고 중고품을 사는 것도 좋은 방법이다. 품질이 좋은 것과 나쁜 것은 쉽게 구별할 수 있다. 좋은 도구는 묵직하고 무엇에 부딪히면 둔탁한 소리를 낸다. 이런 무거운 도구를 보관하고 나르는 것이 불편할 게릴라 가드너도 있을 것이다. 그렇다면 가까운 곳에 도구를 보관할 장소를 찾아보자. 율리아(Julia) 013은 정원에서 가까운 커피숍 주인을 설득해서 도구를 맡겨둔다. 이런 부탁을 하는 것은 터무니없는 행동도 아니고 더구나 직접 꽃밭 가꾸는 일은 할 수 없지만 게릴라 가드닝을 돕고자 하는 지역 사람들을 끌어들이는 방편도 된다.

화학무기 대용품

꽃밭을 가꾸는 사람 가운데 많은 이가 화학 무기에 관해서는 거의 전문가들이다. 그들은 색깔이 강렬한 꽃이나 스테로이드에 중독된 근육맨처럼 부풀어 오른 채소를 얻기 위해서라면 화학공장에서 만든 질소와 인과 칼륨 혼합물을 기꺼이 식물에 들이붓는다. 케이티(Katie) 1111은 데번(Devon) 지방 오터튼(Otterton) 마을 주변의 조경 시설에 들어찬 덤불을 돌보는 데 힘을 보탠다. 그런데 그녀는 일부러 식물 가운데 반에만 독한 술을 부어준다. 그러고는 페튜니아(*Petunia hybrida*) 가운데 일부만 유난히 크게 자라는 이유를 몰라서 당황해하는 시청 정원사의 모습을 즐긴다. 이렇게 화학약품이 아니라도 식물을 자극해서 무성하게 자라도록 하는 대용품은 얼마든지 있다.

흙을 비옥하게 해주는 퇴비

개인 정원에 공간이 좀 있다면 양지바른 곳에 장소를 마련해두고 정원에서 나오는 폐기물을(다 익은 씨앗이 달린 잡초와 딱딱한 나무는 빼고) 쌓는다. 뚜껑이 있는 상자를 이용하면 가장 좋다. 퇴비 상자에 쥐가 들끓지 않도록 하려면 익힌 음식의 찌꺼기를 넣지 않고 쥐가 들락거리지 못하게 틈을 막아야 한다. 시간이 지난 뒤 퇴비를 흙에 섞어 넣으면 흙은 비옥해지고 수분을 더 잘 저장하게 된다.

천연비료는 벌레를 이용해 만든다

벌레 사육장을 만든다. 악취가 나지 않아서 실내(예를 들어 싱크대 아래)에 둘 수 있는 플라스틱 용기를 구한다. 벌레를 이용한 천연비료가 좋은 이유는 땅을 전혀 구할 수 없는 도시에서도 만들 수 있기 때문이다. 붉은줄지렁이(Eisenia fetida)가 음식물 쓰레기를 분해해서 만드는 양분이 풍부한 '벌레 즙' 비료는 바로 흙에 섞어서 사용할 수 있다. 붉은줄지렁이 창자에 기생하는 박테리아가 음식물 쓰레기를 소화시키는데, 이때 나오는 박테리아 분비물에는 이로운 미생물이 많이 들어 있다.

가축의 힘

규모가 큰 게릴라 가든에서는 가축을 키울 수도 있다. 독일 옛 동베를린에 있는 어린이 농장 '장벽광장'은 넓이가 $8000m^2$에 이른다. 이 게릴라 가든을 만든 게릴라들은 1980년대 당시 장벽 너머 서베를린에서 염소와 닭을 가져왔다. 가축은 젖과 알을 주는 데 그치지 않는다. 그것들이 텃밭에서 나는 채소를 먹고 남기는 것은 영양 많은 비료가 된다. 현재 그곳에는 토끼와 조랑말까지 있다. 그 동물들의 배설물을 썩히면 게릴라 가든을 위한 강력한 화학무기를 만드는 재료로 바뀐다.

가축을 이용하는 비료 공장을 가동할 공간이 없으면 지역에서 그런 비료를 구할 수 있는 곳이 있는지 알아본다. 도시에는 처리할 방법을 몰라 내버리는 폐기물이 생각보다 많이 나온다. 뉴욕에 사는 피터(Peter) 509는 지역 경찰서에서 말 배설물을 많이 얻는다. 물론 동물의 배설물은 그대로 화단에 사용하면 안 된다. 먼저 몇 달 동안 두어 썩힌 뒤 사용해야 식물이 말라죽지 않는다.

게릴라 가드너의 전투복

기초적인 게릴라 가드닝이라면 특별히 복장에 신경을 쓸 필요는 없을 것이다. 손만 있으면 되는 일이기 때문이다. 게릴라는 맨주먹만으로도 씨앗을 뿌리고 쓰레기를 치울 수 있다. 그렇지만 아무래도 뭔가는 입는 게 좋다. 제리(Jerry) 2821은 호주 퀸즐랜드 브리즈번(Brisbane)에서 두 친구와 게릴라 가드닝을 하는 사진을 보내왔다. 세 사람은 머리띠와 목걸이 말고는 아무것도 안 입고 있어서 마치 뭔가 문제를 일으키고 싶어 하는 모습이었다. 캐나다 온타리오 주에서는 남녀가 웃옷을 입지 않고 꽃밭 가꾸는 일을 하는 것이 허용된다. 여성 게릴라 가드너가 땅을 파느라 뜨거워진 몸을 식히기 위해 그런 자유를 누리는 예가 있는지 모르겠다. 어쨌든 우리가 이웃사람에게 기대하는 것처럼 우리도 갖추어 입고 일하는 것이 좋다는 생각이다.

그렇다고 요란하게 차려입을 필요는 없다. 사회운동가 그룹인 '게릴라 걸스'(The Guerrilla Girls, 예술계의 인종차별과 성차별에 저항하는 양성평등운동가들의 조직. 1985년 뉴욕에서 만들어져 전시회와 출판을 통해 활동했으며 오늘날에는 여러 그룹으로 나뉘어져 있다-역자)는 익명성을 지키기 위해 고릴라 가면을 썼다. 게릴라 가드너는 그렇게 하지 않아도 된다. 튀는 복장을 하면 재미는 있겠지만 꽃밭을 일구는 데는 방해가 된다. 고릴라 복장(사실 많은 사람들이 나에게 제안한 복장이다)을 하고 일을 하면 견딜 수 없을 정도로 더울 것이다. 라텍스로 만든 슈퍼맨 옷(이 또한 제안한 사람들이 있다)은 덤불에 스치면 찢어진다.

우리는 분명히 게릴라지만 그렇다고 군인들이 입는 위장복을 입을 필요는 없다. 군복은 총알이 날아다니는 전장에서 자신을 숨기는 데 좋을 뿐이다. 모택동이 권장한 복장(가벼운 여름옷 두 벌, 겨울옷 한 벌, 모자 두 개, 발목에 차는 각반 한 쌍, 담요 한 장, 북쪽 지방에서 활동하는 경우에는 추가로 코트 한 벌)을 참고할 이유도 없다.

게릴라 가드너의 전투복은 두 가지 조건 가운데 하나를 채우면 된다. 첫째, 행인들이 공유지에서 가드닝을 해도 좋은 사람(인부, 행정기관 소속 조경 전문가, 농작물을 재배하는 곳이라면 농부)으로 볼 차림으로 위장하는 옷, 둘째, 주변 사람들과 전혀 구별되지 않는 평범한 옷이다. 첫째와 같은 옷차림을 하려면 소도구가 좀 있어야 한다. 네덜란드에 사는 헬무트(Helmut) 1831과 영국 햄프셔의 스티븐(Stephen) 1337은 형광색 플라스틱 재질의 겉옷을 입고 게릴라 가드닝을 한다. 도로에서 일하는 사람들이 안전을 위해서 입는 옷이다. 눈에 잘 띄는 겉옷 때문에 방해를 받을 일은 없다. 하지만 주의해야 한다. 나도 언젠가 안전을 위해 형광색 옷을 빌린 적이 있다. 그 옷을 입고 밤늦게 런던 엘리펀트 앤드 캐슬의 어느 로타리를 덮은 빈약한 잔디밭에 한련화(Tropaeolum majus)를 심었다. 그런데 하필 그날 밤 그 근처 지하철역에서 많은 사람들이 형광색 옷을 입고 분주하게 일을 하고 있었다. 단순하게 생각하면 같은 형

| 헬무트 1831이 시청 직원 같은 차림으로 식물을 심고 있다(로테르담)

광색 옷을 입었으니 공무를 수행하고 있는 사람들에 묻혀서 보이지 않아야 했지만, 실제로 나는 더 이상 눈에 잘 띌 수 없을 정도로 튀는 복장을 한 셈이 되었다. 그 사람들은 모두 오렌지색 겉옷을 입었는데 내 옷은 노란색이어서 시선을 한 몸에 받았으니 말이다. 그들 가운데 네 사람이 다가와서 호기심 어린 눈으로 내가 하는 일을 바라보았다. 그냥 꽃밭을 만들 뿐이라고 설명했지만 그들은 따지듯이 물었다. "등짝에 버스 회사 이름은 왜 있는 거요?" 나 같은 실수를 되풀이하지 않고 위장술을 쓰려면 연구가 필요하다는 이야기다.

개인적으로 나는 평범한 옷을 입고 게릴라 가드닝을 하는 게 편하다. 잡초 뽑기, 쓰레기 치우기, 간단한 묘목 심기 정도를 할 때면 나는 평소와 그다지 다르지 않은 옷차림을 한다. 그러면 게릴라 가드닝을 하다가 다른 일을 보러 갈 수도 있고 그 반대도 가능해진다. 게릴라 가든으로 갈 때는 동네 정원사 같은 평범하고 실용적인 옷차림을 하면 된다. 따뜻한 옷, 땀이 잘 배출되고 편안한 옷이면 된다. 후드 달린 옷은 실용성이 뛰어나다. 그런데 불량한 청년들이 '후디스'(hoodies)라고 불리는 영국 같은 나라에서는 후드 달린 옷을 입으면 위협적이고 공격적으로 보일 수 있다. 작업을 하는 동안에는 농기구를 든 채 몸을 펴거나 흙바닥에 무릎을 꿇을 수도 있으므로 품이 넉넉하고 세탁이 쉬운 옷이 좋다. 헐렁한 전투복 바지(물론 앞에서 언급한 군복 이야기를 잊지 말고)라면 적당하다. 깊은 호주머니는 모종삽과 장갑을 비롯해서 꽃밭에서 필요한 잡동사니를 넣을 수 있어서 쓸모가 많다. 옷의 일부분을 말아서 주머니에 넣게 되어 있으면 땀을 흘릴 때 편하다.

꽃밭에서는 몸을 굽힐 일이 많으므로 그런 자세에 알맞은 옷을 생각해야 한다. 애덤(Adam) 276은 땅을 파는 리즈 크리스티의 뒤태에 반해서 처음으로 게릴라 가드닝에 관심을 가지게 되었다고 고백했다. 짐(Jim) 006은 허리띠도 없는 헐렁한 청바지 차림으로 게릴라 가든에서 작업을 하다가 엉덩이 일부분이 나오는 바람에 사람들이 눈살을 찌푸렸다고 한다. 자기 집 뒷마당이라면 괜찮겠지만 사람들이 보는 곳에서는 노출에도 주의를 기울여야 한다.

진흙을 묻힐 일이 있다면 신발에 가장 신경을 써야 한다. 흙 만지는 일의 상징이 된 웰링턴 부츠가 기능으로는 가장 적절한 신발이다. 장딴지를 덮는 이 고무장화라면 아무리 진창이라도 문제가 없고 어떤 땅에서라도 작업을 할 수 있다. 신고 다니는 4륜구동 SUV라고 할 만하다. 그런데 웰링턴 부츠는 자칫하면 잔뜩 차려입은 조경 공무원에게나 어울릴 스타일이다. 아니면 누구나 그런 장화를 신고 어슬렁거리는 영국 농촌에 사는 게릴라 가드너에게만 권할 만한 신발이다. 그보다는 좀 더 실용적이고 덜 튀는 대안을 찾는다면 이른바 '웰링턴 슈'가 있다. 장화와 마찬가지로 강하고 씻기 편한 고무 재질인데 다만 발목까지만 올라오는 신발이다. 나도 날렵한 느낌을 주는 짙은 회색으로 한 켤레가 있다. 이 신발은 나이트클럽을 위한 간편한 운동화 차림을 대신해도 좋고 화단에서 땅을 다지는 작업에도 알맞다.

오래 신은 운동화도 나쁘지 않다. 다만 특별히 보완장치를 하지 않는다면 섬세한 운동화는 피해야 한다. 게릴라 가드닝 첫날 앤디(Andy) 233은 얼룩 하나 없는 흰색 새 운동화를 신었다가 결국 비닐봉지를 씌어야 했다. 비닐봉지는 언제라도 벗겨져서 운동화가 더럽혀질 수 있었지만 어쩔 수 없었다.

차려 입든 캐주얼한 옷을 입든 반드시 챙겨야 하는 아이템이 있다. 길에서는 그 물건 때문에 눈에 좀 띄기도 하겠지만, 얼른 벗어서 호주머니에 집어넣으면 그런 시선도 피할 수 있다. 늘 가지고 다녀야 하는 그 물건은 바로 장갑이다. 전에 쓰던 낡은 장갑이 아니라 가드닝에 맞도록 만들어진 특수한 장갑이다. 다른 용도로 만들어진 장갑을 쓰다가 곤란해지는 게릴라 가드너들은 드물지 않다. 두꺼운 스키 장갑을 끼면 헛손질을 하게 되고 털장갑에는 덕지덕지 진흙이 묻는다. 기구상에 가면 얇은 면장갑에서 고무가 붙은 두툼한 것까지 감촉과 모양과 크기가 제각각인 정원용 장갑을 살 수 있다. 뭐든 알맞은 것을 고르면 된다.

동료들을 위해 단체복을 디자인한 게릴라 가드너도 있다. 리폼 의류 디자이너 스테파니(Stephanie) 2487은 미국 마이애미에서 함께 게릴라 가드닝을 하는 그룹 'Tree-0-5'의 동료들을 위해 옷을 만들고 상표까지 붙였다. 벤(Ben) 2676은 게릴라 가드닝 동료이자 가족인 릴리(Lily, 8세) 2677과 누어(Noor, 5세) 2678를 위해 티셔츠에 '게릴라 가드너'라고 문양을 인쇄했다. 이 가족은 영국 서머싯 지방 크류컨(Crewkerne)에서 버려진 화단을 가꿀 때 게릴라 가드너라고 적힌 옷을 입지만 아무도 눈길을 주지 않는다. (행인들이 두 어린이 모습에 무장해제 당하기 때문이라는 생각이 든다.)

사람들 눈에 띄지만 어쩔 수 없이 특별한 옷을 입어야 할 때도 있을 것이다. 규모가 큰 게릴라 가든 가운데는 벌을 키우는 곳이 적지 않다. 그런데 꿀을 받으려면 몸을 보호하는 재질로 만든 보디수트를 입고 머리와 얼굴은 망이 달린 모자로 가려야 한다. 도널드(Donald) 277이 그런 복장을 하고 있는데 마침 경찰관 두 사람이 곁을 지나갔다. 위험한 화학물질을 다루고 있을지도 모른다는 의심이 들었는지, 경찰관들은 그가 위험한 짓을 하고 있지는 않은지 캐물었다. 그곳에서 더 머뭇거리다가는 벌에 쏘일지도 모른다는 사실을 알게 되자 경찰관들은 즉시 발길을 돌렸다.

조명은 헤드램프로

해가 진 뒤 게릴라 가드닝을 한다면 조명을 어떻게 할 것인지 생각해야 한다. 공공장소는 대부분 조명이 잘 되어 있어서 별도로 불을 밝히지는 않아도 된다. 조명이 있어야 한다면 미국 시카고의 샘(Sam) 2798과 그의 동료들처럼 헤드램프를 갖춘다. 헤드램프는 양손이 자유로워진다는 이점이 있다. 리지(Lizzie) 002와 비키(Vicky) 619는 길가에 차를 세울 때 전조등이 튤립을 향하게 한다. (작업이 끝나고 무사히 돌아가려면 배터리가 방전되지 않도록 주의해야 한다.) 뉴욕 이스트빌리지(East Village)에서 게릴라 가든을 가꾸는 누군가는 근처에 있는 가로등에 전선을 이어서 어두운 화단을 밝히면 어떨까 생각했다고 한다. 그는 결국 밤에 그런 짓을 하다가 감전사하느니 차라리 밝은 낮에 작업을 하는 위험을 감수하기로 했다.

통신하라, 오버!

휴대폰을 가지고 다니면서 동료들과 연락한다. 모택동은 이미 1937년에 동료와 연락을 주고받는 것이 결정적으로 중요하다는 사실을 간파하고, "게릴라 조직은 신속한 통신수단을 갖추어야 한다"고 썼다. 그 당시 모택동이 선택한 것은 양방향 무전이었는데, 원하는 사람은 지금도 그 방법을 쓸 수 있다.

물이 생명이다

게릴라 가든을 만드는 초기부터 물이라는 소중한 자원을 어떻게 조달할지 고민해야 한다. 완전히 빗물에 의존해서 그에 따라 파종을 하기로 할 수도 있지만, 대부분 게릴라 가든은 빗물 이외에 추가로 물을 공급해야 할 때가 온다. 묘목을 심은 뒤에는 물을 주어 생존율을 높여야 한다. 운 좋게도 걸어갈 수 있는 거리에 수도가 있다면 흔히 쓰는 물뿌리개로 간단히 문제를 해결할 수 있다. 미국에서는 농경수로의 물을 도로변 수전을 통해서 사용하는 것이 불법이 아니다. 수전을 여는 열쇠는 기구상에서 구할 수 있고, 허가를 얻어야 한다고 해도 어렵지 않다. (뉴욕의 피터 509는 '작은 베르사유'라고 이름 붙인 정원에 물을 대기 위해 해마다 허가를 얻는다.) 물론 미국이 아니면 이런 사치를 누리지 못한다. 도로변과 버려진 땅뙈기에는 대부분 그런 시설이 없다.

캐나다 밴쿠버에 사는 저스틴(Justin) 1310은 집에서 그랜빌 아일랜드의 버려진 철로 대피선에 만든 게릴라 가든까지 호스를 연결했다. 그는 허리 아래가 마비된 사람이다. 마르가레타(Margareeta) 898은 3층 자기 집에서 건물 아래에 있는 게릴라 가든에 직접 물을 뿌리는 방법을 익혀서 급수 문제를 해결했다. 게릴라 가든이 급수원에서 멀리 떨어져 있으면 물을 날라야 하는데, 물은 무겁고 부피가 커서 운반하기 어려운 물질이다. 밴쿠버의 리스(Les) 847은 직업상 170리터짜리 물통이 달린 픽업트럭을 타고 다니는 덕에 물 문제가 없다. 하지만 그런 특수차량을 갖춘 정비소에서 일하는 게릴라 가드너가 몇이나 되겠는가?

나는 초기에 오래 된 석유통으로 물을 날랐다. 5리터들이 석유통은 나르기 수월하고 샐 염려도 없었지만 행인들을 불안하게 한다. 어느 날 세인트 조지 서커스의 게릴라 가든에서 석유통의 투명한 액체를 화단에 붓고 있는 모습을 본 행인은 내가 화단 전체에 불을 붙이는 줄 알고 비명을 질렀다. 물론 플리머스의 피터(Peter) 1532처럼 군대에서 쓰는 석유통으로도 별다른 말썽 없이 물을 나르는 사람도 있다. (아마도 포클랜드 전쟁에서 군수작전을 기획한 그의 경험 덕분일 것이다.) 줄리(Julie) 159는 자신의 사무실에서 쓰던 생수통을 내게 주었다. 나는 마이애미에서 스테파니(Stephanie) 2487의 생수통이 위력을 발휘하는 것을 본 적이 있다. 큰 생수통은 19리터가 들어가고 육체노동에 익숙하지 않은 사람들도 쉽게 나를 수 있도록 만들어졌다. 규모가 작은 게릴라 가든이라면 라일라(Lyla) 1046처럼 작은 생수병에 물을 채워 지나가는 길에 뿌리는 것으로 충분하다.

게릴라 가든이 크고 사람들이 함부로 들어오지 않도록 되어 있으면 빗물을 모으는 시설을 만드는 것도 생각할 수 있다. 근처 지붕에 물받이를 대어 빗물이 물통에 모이게 한다. 앤디(Andy) 343과 브루스(Bruce) 2729의 화이트채플(Whiechaple) 게릴라 가든에서 빗물 수집기를 만드는 것을 도운 적이 있다. 우리는 담장 위에서 아래로 비스듬하게 비닐을 쳐서 빗물이 오래된 욕조로 모이게 했다. 욕조에 모인 물은 가까운 화단에 손쉽게 부을 수 있었다.

운반 수단들

모택동의 말을 빌리면 "게릴라는 물처럼 유연하고 바람처럼 가볍게 움직여야" 한다. 하지만 그런 식으로 우아하게 움직이려면 게릴라 가드너는 오로지 두 다리만 사용해야 할 것이다. 두 다리만 사용한다면 우리는 어디든지 갈 수 있고 자동차 때문에 생기는 책임에서 자유로울 수 있다. 다시 말해서 우리는 거추장스럽게 차려입은 기병이 아니라 보병인 것이다. 전사라면 누구나 알겠지만 본거지에서 너무 멀리 가거나 군수 경로를 위태롭게 만들면 안 된다. 게릴라 가든이 집에서 가까운 작은 빈 땅이면 여러 가지 재료와 작업 도구를 그곳까지 운반하는 데 문제가 없다. 묘목과 모종, 장비는 상점에서 직접, 아니면 친구 집을 거쳐 집으로 가져올 수 있다. 네이오미(Naomi) 272는 우편으로 식물을 주문하

| 구식 정수기 물통은 용량이 넉넉하고 운반도 간편해서 게릴라 가드닝에 많이 쓰인다

| (위)자네트 008이 이동수단으로 사용하는 푸조 107에 실린 마취목
(아래)폭스바겐 포르쉐914는 앞/뒤에 트렁크가 있어서 매우 실용적이다

고 받는다. 그러나 좀 더 규모를 키우려면 어떤 형태든 수송 수단이 중요해진다.

  손으로는 다 나를 수 없는 물건을 자기가 사는 동네를 벗어난 곳까지 나르려면 수송수단이 있어야 한다. 자전거는 훌륭한 수송수단이 된다. 자전거라면 걸을 때 만큼이나 기민하게 움직이고, 더구나 들키기 전에 재빨리 빠져나올 수 있다는 장점이 있다. 짐바구니를 달면 작은 도구와 식물을 나르기에 충분하다. 짐바구니에 비닐 봉지를 씌어 비와 먼지를 막도록 한다. 좀 더 큰 부속장치도 자전거 프레임에 매달 수 있다. 앤드류(Andrew) 1679는 그런 장치를 달아서 카다란 삽을 매달고 런던 시내를 질주한다. 언젠가 게릴라 가드너가 커다란 서어나무(Carpinus caroliniana) 한 그루를 자전거 뒤에 매단 카트에 싣고 샌프란시스코를 다니는 영상물을 보았다. 이륜차에 동력이 붙으면 속도라는 이점이 생긴다. 카밀라(Camilla) 052는 오토바이를 타고 게릴라 가드닝을 했던 체 게바라의 전례를 따라 스즈키 SV650s를 이용한다.

  아주 큰 작업을 빨리 해치우려면 사륜 수송수단이 필요하다. 내가 집에서 게릴라 가드닝까지 무기를 나르는 수송수단은 슈퍼마켓에서 쓰는 쇼핑카트다. 1970년대에는 리즈 크리스티가 파란색 고물 닷선(Datsun, 닛산자동차의 모델 라인 이름)에 도구와 재료를 잔뜩 싣고 뉴욕을 누비며 신참 게릴라들을 도왔다. 나 역시 멀리 떨어진 곳에 가거나 재료를 모을 때는 자동차를 이용한다. 이렇게 자동차에 의존하는 바람에 배출한 탄소가 지구 온난화를 막는 게릴라 가드닝의 공로로 상쇄되기를 바랄 뿐이다.

어떤 차를 선택하는가는 아주 중요하다. 짐 싣는 공간이 큰 왜건이나 소형 트럭이면 대단히 쓸모가 있겠다고 생각하겠지만 그 두 종류는 그만큼 단점이 있다. 어느 날 나는 낡은 녹색 골프 1을 몰고 있었다. 그때 런던광역경찰이 테러리스트라는 의심이 든다면서 2005년에 제정된 테러방지법의 규정을 근거로 내 차를 수색했다. 차 뒷자리에는 나무 부스러기로 가득한 주머니들이 있었다. 불안해진 경찰은 그것들이 비료폭탄일 거라고 생각한 모양이었다. 내 차는 '테러리스트의 전형적인 특징들'로 가득했다. 밴은 해로울 것 없는 내용물을 경찰이 못 보도록 숨기기에는 좋지만 나처럼 곤란한 일을 겪게 될 수도 있다. 나는 포드 트랜지트라는 커다란 차를 빌려서 게릴라 가든에서 나온 쓰레기를 싣고 시의 매립장으로 갔다. 골프를 몰고 갔을 때는 친절했던 매립장의 근육질 직원은 포드 트랜지트를 몰고 온 나에게 갑자기 돈을 내라고 했다. 차에 창문이 하나도 없기 때문에 '폐기물 사업자'로 여긴다는 것이었다.

가장 성공적으로 사용한 자동차는 낡은 스포츠카였다. 여가활동을 위한 차라는 인상 때문에 활동을 위장하기 쉬운 데다 트렁크가 넓어서 묘목 상자를 싣기에 적당했다. 1973년식 포르쉐 914가 특히 더 실용적이었다. 미드엔진(mid-engine 앞 축과 뒤 축 사이에 엔진을 얹는 방식) 차체여서 앞과 뒤에 트렁크가 있고, 뒷좌석에도 사람이나 짐을 더 실을 수 있었다. 뚜껑을 벗기면 높이가 문제인 짐도 실을 수 있어서 독일가문비나무(*Picea abies*)와 커다란 유카나무(*Yuca filamentosa*)를 나르기에 완벽한 차였다.

대중교통수단은 잔뜩 무장한 게릴라 가드너에게 곤란한 선택이다. 가브리엘라(Gabriella) 156은 슬라우(Slough)에서 런던 중심부로 갈 때 전철을 타려고 했지만, 그녀가 가지고 있던 삽을 위험한 물건으로 생각하는 경비원 때문에 결국 삽을 버려야 했다. 그래서 되도록 숨길 수 있는 도구를 마련하는 편이 바람직하다. 씨앗 정도라면 어떤 대중교통수단이라도 괜찮다.(다만 비행기를 탈 때는 씨앗을 기내에 가지고 들어가지 말아야 한다.) 그러나 커다란 묘목이나 물이 떨어지는 발아상자는 다른 승객들을 짜증나게 한다.

육상이 아니라 수상교통을 이용하는 아주 특별한 게릴라 가드너들도 있다. 19세기 미국의 황야에서 선구적인 게릴라 가드닝 활동을 했던 채프먼(Chapman)은 속을 비운 카누 두 척을 묶어서 사과 씨를 싣고 오하이오강을 다녔다. 최근에 얼(Al) 466은 길이가 5m인 카누를 이용했다. 그는 노스 요크셔의 멀턴(Malton)의 자기 집 근처 강에서 배를 저으면서 강변에 밀려온 나무를 모은다. 이렇게 자원을 얻어가는 대신 그곳과 주변 동네에 어린 토박이 식물을 심는다.

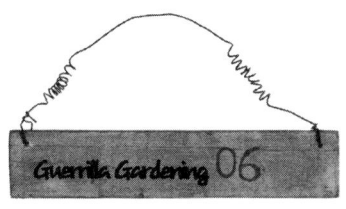

전장에서 살아남기

지금까지 이 책을 읽었다면 행동에 들어갈 준비는 거의 끝난 셈이다. 이제 밖으로 나가서 장소를 물색하고 전투 무기를 마련한 뒤 땅을 파면 된다. 이번 장에서 다루는 정보는 전 세계 게릴라 가드너들의 전투 노트에서 모은 것들이다. 도시의 버려진 땅과 공공장소에서 벌어지는 이야기지만 농촌이나 사유지에도 적용할 수 있는 정보이기도 하다.

모택동은 게릴라전 안내서에서 이렇게 썼다. "이긴다는 확신이 없으면 공격하지 않는다. 작전 지역을 좁게 제한한 뒤 그 안에 있는 적과 배신자들을 타격한다." 완전히 공감이 가는 이야기다. 물론 배신자는 게릴라 가든과는 상관없는 일이다. 감당할 수 있는 규모로 시작해야 한다. 거대한 변화를 가져오기를 꿈꾸겠지만 서두른다고 되는 일이 아니다. 군사 작전의 기초 원리도 마찬가지다. 점령지를 확실하게 장악하기 전에는 다른 지역으로 들어가지 말아야 한다. 유지하기 어려운 곳을 접수해서 만든 게릴라 가든은 언제라도 쉽게 다시 옛날 버려진 상태로 돌아갈 수 있다. 규모가 지나치게 크거나 호의적이지 않은 지역, 물을 얻기 어렵거나 사람들이 쉽게 훼손할 수 있는 장소가 유지하기 어려운 곳이다. 게릴라 가드너는 기본적으로 이상주의자들이다. 하지만 게릴라 가든이 풍요롭게 번성하려면 게릴라 가드너는 실용주의자의 심장을 가져야 한다. 이 장의 내용은 게릴라 가드너의 질주하는 심장을 안정시켜 전장에서 견실한 승리를 거두도록 도울 것이다.

금지된 장소는 없다

게릴라 가드너에게 금지된 장소란 없다. 거의 모든 장소가 어떤 식으로든 게릴라 가든이 될 가능성이 있다. 다만 자신이 소유하고 있는 땅, 꽃밭을 만들어도 좋다는 허가를 얻은 땅은 엄격히 말해서 게릴라 가든이 될 수 없다. 그런 곳에서 활동하는 사람이 게릴라 가드너가 아니기 때문이다.

욕심이 지나치지만 않으면 장소는 융통성 있게 선택할 수 있다. 어느 곳을 고르건 씨앗을 흩뿌리는 것으로 간단히 시작할 수 있다. 잡초를 뽑아주고 물을 주면 씨앗이 발아할 확률이 높아지겠지만, 반드시 해야 하는 작업은 아니다. 가을에 땅속에 구근을 묻으면 일은 더 쉬워진다. 잡초 대부분이 활동을 멈추고 토양이 습해지는 겨울 동안 구근이 자랄 수 있기 때문이다. 땅을 12㎝만 파면 구근을 심을 수 있다. 구멍을 더 깊게 파고 공간만 확보해주면 봄과 가을에 묘목을 심을 수 있다. 묘목을 심는 과정에서 제대로 하면 그 다음에는 거의 손이 가지 않는다. 비가 오지 않는 기간이 길어지면 물을 넉넉히 주도록 한다. 앤디(Andy) 287이 '심고 잊어버리기'라고 부르는 방법도 있다. 앤디는 남부 런던 변두리에서 포장도로에 꽃상자를 늘어놓아 주위를 화사하게 만든다.

좀 더 크게 욕심을 내면 장소 선택은 결정적으로 중요한 요소가 된다. 게릴라 가드너의 노력이 땅을 바꾸어놓을 수는 있지만, 무엇을 키우고 어떻게 활용하고 얼마나 성공적인 가드닝이 될지는 그 장소의 원래 배경, 고유한 모양과 성질에 좌우된다. 무엇보다 어렵지 않게 오갈 수 있는 장소를 택하면 여러모로 도움이 된다. 집이나 직장에서 가까운 곳이 좋은 이유가 그것이다. 자신의 동선에서 벗어나지 않는 곳이면 일상적인 관리 작업(물주기, 쓰레기 치우기, 잡초 뽑기 등)도 쉽고 오가는 길에 필요한 작업을 할 수도 있게 된다. 언제든지 무기를 손에 드는 셈이다. 자신이 사는 공동체 안에서 장소를 고르면 그 지역에서 맡는 사회적 역할에도 힘이 실리고 친구도 생긴다. 그런 친구들이 게릴라 가드닝을 지원하기도 한다.

공유지 또는 누구나 들어갈 수 있는 장소를 택하면 성공할 확률이 높아진다. 그런 장소라면 사유지를 침범하는 데 따르는 위험이 없을 뿐 아니라 공무를 수행하는 사람(공공의 이익을 위한 일이므로 공무라고 해도 틀린 말은 아니지만)으로 보일 수도 있기 때문이다. 지역의 행정기관은 지역 자원에 관한 여러 가지 요구를 처리해야 하므로 자신들의 업무 부담을 줄여주는 게릴라 가드너들을 눈감아줄 가능성도 있다. 공적인 조직들은 평판이 나빠지지 않도록 늘 신경 써야 하므로, 지역 사회를 미화하겠다는 게릴라들을 탄압했다가 행여 당혹스러운 반응을 얻을까 두려워한다. 공공용지의 관리자가 이미 만들어지기 시작한 게릴라 가든을 허용할지 말지를 두고 망설이는 사이에 식물은 자라고 꽃을 피울 것이다. 그렇게 되고 나면 허가를 거부하기가 그 땅이 황폐한 모습이던 때보다 정치적으로 더 어려워진다. 담당자들이 예상할 수 없는 장소에 일을 벌이면 허가를 얻을 가능성이 커진다. 그런 장소로 다음과 같이 다섯 가지를 들 수 있다.

도로변, 로터리, 중앙분리대 이곳들이야말로 전략적으로 가장 먼저 고려해야 할 장소다. 관리의 손길이 닿지 않아 버려지기 십상인 데다 관할 책임을 둘러싼 불확실성 때문에 허공에 뜨는 경우가 많다. 게다가 딱히 활용이 쉬운 곳도 아니다. 이런 곳에 조경이 이루어지면 날마다 수많은 사람들이 즐길 수 있다. 원래 그곳에 있던 것을 보완하거나 가다듬어도 좋고 너무 엉망이라면 몽땅 걷어내고 새로 화단을 만들어도 좋다. 그렇게 다 걷어내고 새로 할 때는 작업 중임을 충분히 알 수 있도록 손질해야 한다. 그렇지 않으면 때때로 이루어지는 공무원들의 조경 작업에 희생될 수도 있기 때문이다.

| 크리스티안 3128이 지하철 승강장의 재떨이에 심은 천수국(오스트리아, 비엔나)

가로수 보호시설 이곳에 식물을 심으면 나무가 이득을 본다. 먼저 나무 둥지 둘레의 흙을 손질해서 공간을 만든다. 나무가 딱딱한 보도블럭에 틈 없이 갇힌 경우에는 나무 둘레에 볼록한 모양으로 흙을 쌓는다. 새로 심은 식물에 물을 주면 나무도 덩달아 갈증을 해소한다.

빈 화단, 식목 용기, 상자 이런 것들이 보이면 되살려야 한다. 더러워 보이는 윗부분을 걷어내면 그 아래 좋은 흙이 있어서 별다른 준비 없이도 바로 뭐든 심을 수 있다. 더구나 이런 것들은 보통 전시효과가 좋은 장소에 있는 경우가 많다.

담장이나 울타리 아래 담장이나 울타리는 덩굴식물에게는 좋은 배경이 될 뿐 아니라 게릴라 가든을 위해서는 훌륭한 보호 장치 역할을 한다. 이렇게 보호를 받을 수 있는 장소에서는 시청 조경 직원들의 작업에 희생당하거나 행인들에게 밟히지 않고 살아남을 가능성이 크다.

버려진 땅, 철로변, 폐허가 된 건물 이런 넓은 장소는 단순히 지나가며 보는 것이 아니라 일부러 와서 즐길 수 있는 커뮤니티 가든의 출발점이 될 수 있다. 주눅이 들 만큼 큰 장소에서 처음 게릴라 가드닝을 시작할 때는 먼저 가장자리를 따라서, 아니면 그곳을 가로지르는 모양으로 몇 군데 작은 화단을 만드는 것이 좋다.

게릴라 가든은 사실 어디에서든 가능하다. 가장 중요한 것은 그 장소를 바꾸어 놓기 위해 얼마나 많은 노력을 기울일 준비가 되어 있는가 하는 점이다. 오스트리아의 크리스티안(Christian) 3128은 게릴라 가드너들을 이끌고 비엔나 지하철 승강장의 쓸모없는 재떨이에 꽃을 심었다. 그 재떨이들에 '불사조 정원'이라고 이름표를 붙이고 물을 주라는 문구를 남겼지만 식물들은 그렇게 오래가지 않았다고 한다. 자연 채광이 부족하거나 경찰이 간섭을 해서가 아니라 할머니들이 망가뜨리는 바람에 그렇게 되었다는 것이다.

게릴라 대원에겐 경력을 묻지 않는다

누구든 게릴라 가드너가 될 수 있다. 전형적인 게릴라는 군대 경력이 없어도 된다. 모택동은 이렇게 썼다. "싸울 의지가 있는 사람이라면 그의 사회적인 배경이나 지위는 전혀 중요하지 않다." 1920년대 초반, 소비에트 게릴라들 사이에는 '백발부대'에 속한 나이 많은 사람들과 아이들까지 있었다. 아이들이 게릴라 전사가 되는 것은 오늘날에도 마찬가지다. 사람을 죽이는 일과는 달리 게릴라 가드닝은 누구나 할 수 있고 또 그렇게 되어야 한다. 오히려 다양한 연령대의 사람들이 참여하는 것이 바람직하다.

나와 함께 게릴라전에 참여한 사람들 가운데 가장 어린 친구는 플리머스에 사는 비어트리스(Beatrice) 2930으로 네 살이었고 가장 나이가 많은 사람은 마고(Margot) 623으로 91세 할머니였다. 장애도 문제가 되지 않는다. 식목 용기는 받침대에 올려놓으면 휠체어를 타고도 다룰 수 있다. 애덤(Adam) 276은 클린턴 커뮤니티 가든에서 상이용사들을 위해 그런 받침대를 만든다. 션(Sean) 2350은 맹인이지만 런던의 가로수 보호시설에 게릴라 가든을 만든다. 그는 아프리카 데이지(Osteopermum ecklonis)처럼 밝은 색 꽃을 심는데, 잎이 부풀어 오른 정도를 손으로 만져보고 물을 줄 때를 정한다. 친구, 가족, 이웃, 동네 상점 사람, 학생, 행인(술 취한 사람도 포함해서), 지역 매체 기자들, 그리고 정말 조직만 잘 한다면 공무원까지도 게릴라 대원으로 영입할 수 있다. 마거릿(Margaret) 2878은 훼방꾼을 설득해서 교회 묘지에 만든 게릴라 가든의 담장을 칠하도록 한 적도 있다.

참여 의지를 밝히는 사람이 있으면 그의 의지를 능력으로 바꿀 방법을 안내해준다. 경험 없는 신참에게는 흙을 뒤집거나 돌을 골라내는 쉬운 과제부터 맡긴다. 그들에게 할 일을 알려 줄 때는 망설이지 말아야한다. 신참들은 지시를 들을 마음의 준비가 되어 있다. 게릴라 가드닝을 하겠다고 나서는 사람들 가운데는 자기 꽃밭의 식물들을 죽이지 않고도 다른 식물을 기르는 방법을 배우고 싶어 하는 사람들이 있다.

게릴라 가드닝을 주도하는 사람은 리더십을 배워야 한다. 이 문제에서도 게릴라 작전에 대한 모택동의 관찰이 다시 한 번 직접적인 참고가 된다.

게릴라 부대에는 정치적, 군사적 리더십이 있어야 한다. 리더는 정책을 관철하는 불굴의 의지가 있어야 한다. 의지와 충성심이

| 게릴라 가드너로 맹활약 중인 런던 대원들

강하고 견해가 확고해야 한다. 조직이 허술한 게릴라 작전은 승리에 도움이 되지 않는다. 게릴라 작전을 떼강도짓과 무정부주의의 결합체라고 비난하는 사람은 게릴라 활동의 본질을 이해하지 못한 것이다.

리더라고 해서 보스가 되어야 하는 것은 아니다. 대원들이 아무 것에도 구속되지 않고 자유롭다고 느낄 때 게릴라 가드닝 그룹이 잘 운영될 수 있다. 대원들이 스스로 아이디어를 내도록 돕고 그 아이디어를 두고 토론하고 공통의 인식을 만들어 내는 것이 리더의 임무다. 뉴욕 그린 게릴라(Green Guerrillas, 옛 그린 게릴라 그룹은 현재 비영리 재단으로 바뀌었다)의 전무 스티브 프릴먼(Steve Frillmann)에 따르면, 커뮤니티 가든 가운데 가장 성공적인 사례는 활동 초기부터 왜 게릴라 가든을 만드는가, 어떻게 만들어갈 것인가 등 기본적인 원칙에 대해 의견 일치를 본 조직이다.

리더십이 없어도 이런 의견 일치에 이르는 게릴라 가드너들이 있다. 베를린의 율리아(Julia) 013은 단호하게 말한다. "우리는 결정을 내리는 과정에 모든 대원이 동등하게 참여합니다. 모두를 대신해서 누군가가 결정을 내려주는 건 원하지 않아요." 아르헨티나 부에노스 아이레스(Buenos Aires)의 다니엘(Daniel) 1224도 같은 의견으로, 커뮤니티 가든 멤버들 사이의 리더십 없는 동등한 구조가 좋다고 말한다. 하지만 율리아와 다니엘은 리더십을 타고난 사람들이라고 할 수 있다. 아니면 계급장에 따라다니는 생각이 불편한지도 모른다. 물론 대원들이 지나치게 의존하는 인물이 되는 것은 피해야 한다. 그리고 어느 한 장소에서 통했던 방법을 다른 곳에서도 그대로 적용하면 안 된다. 원칙에 매달리지 않고 안내자의 역할만 하는 실용적인 리더가 되어야 한다.

게릴라 가드너는 동료가 없어도 괜찮다. 많은 게릴라들이 어디에도 매이지 않고 혼자 활동한다. 이런 영리한 일인 전사들은 대규모 변화를 빠른 시일 안에 이루어낼 수 없고 동지애를 즐길 기회도 없지만, 그 대신 자신이 원하는 일을 은밀하고 즉각적으로 진행할 수 있다. 게릴라 가드닝은 혼자 하기에도 적절한 활동이다. 장소를 찾아 시작하기만 하면 된다. 게릴라 가드너가 되기를 원하는 사람들이 아이디어 회의를 하거나 모두에게 편한 날짜를 잡느라고 앉아 있는 때가 너무나 많다. 게릴라 가드닝에 어떻게 참여할지 회의를 하느라 시간을 끄는 사람들이 보이면 거기에 섞이지 말고 혼자라도 행동에 돌입하는 편이 낫다. 먼저 혼자 경험을 쌓으면 나중에 더 큰 장소에서 좀 더 눈에 띄는 활동을 해야 할 때 조력자들을 구하기가 수월할 것이다.

작전 시간

외부의 방해를 최소화하면서도 지원자 후보들의 시야에서 벗어나지 않으려면 활동 시간을 잘 선택해야 한다. 활동 시간을 균형 있게 잘 선택하려면 자기 지역의 사회적 환경을 제대로 알아야 한다. 그렇지 않으면 일단 눈에 띄지 않는 시간이 좋다. 규모가 커지고 게릴라 가드너가 사람들 눈에 자주 띄는 단계가 되면 활동 시간은 더욱 중요한 요소가 된다. 사람들이 일하는 시간을 피하면 최악의 훼방꾼들과 시비를 붙는 일은 없게 된다. 이탈리아 밀라노의 안젤라(Angela) 2585는 처음에 밤 11시에 로터리를 공략했다. 런던 북부에 사는 에스더(Esther) 418은 새들이 지저귀기 시작하는 새벽에 활동을 시작했다. 런던 중심에 사는 우리는 저녁 7시 30분에서 10시 30분 사이가 말썽도 피하고 후원자들을 만나기도 좋은 시간대임을 알게 되었다. 그리고 주중보다는 주말이 낫다. 더구나 남들처럼 정상적인 근무시간에 일을 하는 게릴라 가드너는 주말이 훨씬 편한 시간이다. 자신감이 생기고 게릴라 가드닝의 긍정적인 효과가 구체적으로 드러나기 시작하면 어둠의 도움을 덜 받아도 된다.

웹사이트나 게시판을 통해서 모르는 사람을 끌어들일 때는 전혀 모르는 사람들끼리 시간과 장소를 정해서 만나 이벤트를 벌이는 '플래시몹'을 하는 느낌이 들 수도 있다. 하지만 게릴라 가드닝은 플래시몹처럼 할 수 있는 활동이 전혀 아니다. 게릴라 가드너들은 규율에 따라 똑같이 움직이는 사람들이 아니다. 각자가 먹을거리를 싸오는 파티처럼 각자가 포도주 대신 묘목이나 꽃모종을 가지고 오기로 하고, 게다가 누구라도 오고 싶을 때 오고 가고 싶을 때 가는 모임으로 계획하면 된다. 처음에는 아무도 참여하지 않을까 걱정이 되겠지만, 게릴라 가든은 곧 북적거릴 것이다. 분위기가 좋으면 사람들은 늦게까지 자리를 지키고 다음에도 다시 참석한다.

게릴라 가든의 규모가 작거나 단독으로 활동한다면 활동 시간은 큰 문제가 되지 않는다. 호주머니에 씨앗이 있거나 지나가다가 쓰레기를 치워야 하는 경우라면 어느 때라도 즉흥적으로 활동할 수 있다. 소수의 대원이 함께 활동하면 눈에 덜 띄면서도 갑작스러운 일이 생길 때 빨리 대응할 수 있다. 이 경우 일의 진척이 느려지므로 규모가 작은 게릴라 가드닝이나 부정기적인 관리 작업에 알맞다. 그리고 그 정도 규모로 하는 게릴라 가드닝은 별다른 어려움 없이 일상생활의 일부로 만들 수 있다. 네덜란드 암스테르담(Amsterdam)에서 우편집배원으로 일하는 톰(Tom) 2221은 우편배달 업무 중에 해바라기를 심은 공공용지와 사유지를 나에게 보여주었다. 나는 스위스 취리히(Zürich)에서 친구와 저녁식사를 할 때 코스 요리가 나오는 사이사이에 게릴라 가드닝을 한 적도 있다. 앨리스(Alice) 122와 나는 식사 도중에 포도주 잔을 든 채 골든 멜로디라는 품종의 튤립(Tulipa) 구근이 든 가방을 들고 나가서 코른하우스(Kornhaus) 가의 버스 정류장 옆에 그것들을 심고 돌아와 푸딩을 먹었다.

흙을 알아야 꽃밭이 산다

게릴라 가든에 원래 있던 흙을 사용할 때도 뭔가를 섞어서 좀 더 비옥하게 하거나 수분 저장 능력을 적절하게 조절하는 것을 고려해볼 수 있다. 시작 단계에 노력을 들이면 두고두고 효과를 나타낸다.

흙은 기본적으로 찰흙, 모래흙, 가는모래흙, 토탄질흙, 석회질흙, 양질흙 등 여섯 가지로 나뉜다. 게릴라 가든이 사는 곳에서 멀리 떨어지지 않았으면 그곳의 토질은 사는 곳의 토질과 연관성이 있을 것이다. 정원 안내서에 더 자세한 설명이 나오지만, 원칙적으로 잘 삭은 거름과 유기질 비료를 많이 섞으면 된다. 특히 모래 성분이 많거나 무겁고 찰흙처럼 점성이 강하다면 그렇게 해야 한다. 점성이 강한 흙에는 모래를 섞으면 좋아진다.

  어느 정도 비옥하고 유기질이 많으면서 약간 산성을 띠는 흙은 대부분의 꽃과 채소에 알맞다. 그러나 건물을 철거한 자리에 게릴라 가든을 만들면 그곳 흙은 시멘트에 포함된 석회 때문에 알칼리성이 강하다. 그런 흙은 강산성 퇴비와 섞으면 좋아진다. 또 알칼리성에 강한 식물을 심도록 한다. 흙을 다른 곳에서 가져와야 할 경우도 있다. 베를린의 율리아(Julia)는 자전거에 트레일러를 매달아 베를린 교외에서 흙을 실어 날랐다. 시간이 많이 걸리고 허리가 휘도록 힘들지만 게릴라 가든을 비옥하고 건강하게 만드는 중요한 일이다. 건설공사장을 찾아가 표토를 얻어오는 것도 좋은 방법이다.

  토질을 비옥하게 만들기 위해 배설물을 활용하는 열성 게릴라들도 있다. 퍼플(Purple) 321은 뉴욕에 만든 '에덴의 정원'에서 1975년에서 1980년까지 1400m^2의 땅에 동물 배설물로 만든 퇴비를 깔았다. 센트럴 파크의 산책로에 떨어진 말의 배설물을 걷어서 만든 것이었다. 토질 개선 효과를 높이기 위해 심지어 자신의 배설물까지 재활용했다는 이야기도 있다.

  수분을 가두고 잡초 번식을 억제하는 효과를 높이려면 새로 갈아엎은 흙에 뿌리덮개를 덮어주면 된다. 그런 용도로는 나무 조각이 가장 좋다. 돈을 주고 사야 하지만 가지치기 부산물을 재활용하는 것이므로 생태적으로도 올바르고 만족스러운 일이다. 아일랜드 더블린(Dublin)에 사는 탐포포(Tampopo) 2236은 수목 치료 전문가에게 가지치기 작업에서 생기는 부산물을 달라고 부탁했다. 그렇지 않으면 돈을 들여 폐기해야 할 물건이었다. 탐포포는 2005년부터 가꾸어온 셜링워크(Shirling Walk)의 화단에 나무 조각을 깔았다. 소나무의 뿌리덮개는 흙에만 좋은 게 아니라 향기롭기까지 하다.

도시의 흙은 독성물질 함유량이 높다는 사실을 생각해야 한다. 페인트 잔류물에서 나오는 납과 같은 중금속에서 살충제와 탄화수소에 이르는 유독물질이 섞여 있다. 이런 유독물질은 식물, 그중에서도 특히 뿌리채소에 축적된다. 그런 식품을 아예 입에 대지 않을 생각이라면 유독물질 문제는 잊어버릴 수 있다. 그보다 더 큰 걱정거리가 많거나 아무것도 자라지 않게 되는 게 유일한 문제일 테니 말이다. 뉴욕의 재커리(Zachary) 922는 흙이 오염되었는지 검사한 뒤 필요한 경우에는 흙을 정화하기 위해 살아 있는 유기물을 이용한 생체치료 기술을 동원한다. 예를 들어 느타리버섯은 기름에서 나오는 독소를 분해한다.

쓰레기 더미에서 건진 보물들

쓰레기 모으기는 게릴라 가드닝 활동에서 큰 부분을 차지한다. 흙을 파기도 전에 먼저 엄청난 쓰레기를 치워야 하는 경우도 드물지 않다. 쓰레기를 걷어냈다고 문제를 해결했다고 생각하면 오산이다. 철저한 오염물 처리가 필수이기 때문이다!

  두꺼운 장갑을 끼고 앞을 잘 볼 수 있도록 준비한다. 쓰레기는 끝없이 나온다. 쓰레기는 자석 같아서, 많으면 많을수록 더 많은 쓰레기를 끌어당긴다. 도로에 버리지 않고 화단에 버리면 적어도 길은 더럽히지 않는다고 생각하는 어리석은 인간들이 너무나 많아서 그렇다. 화단에 쓰레기를 버리도록 내버려두면 사정은 더 나빠진다. 눈에 보이는 대로 치우거나 재활용해서 깨끗하게 유지하는 것이 중요하다. 굴러다니는 봉지는 개를 산책시키는 사람들이 배설물을 위생적으로 처리하는 것과 같은 용도로 사용할 수 있다. 다른 사람이 버린 것을 줍는 모습은—특히 막 버린 뒤라면—상당히 눈길을 끄는 행동이 된다. 지나가는 사람들이 놀라면서 환한 미소를 던지리라고 기대해도 좋다. 사람들을 쓰레기 줍는 일에 동참시키는 효과도 있을 것이다.

  쓰레기를 줍다보면 고고학자가 되기도 하고 법의학 전문가가 되기도 한다. 버려진 땅에 지난 날 어떤 비밀스런 일들이 있었는지 알려주는 증거 조각을 맞추는 일이기 때문이다. 버려진 정원의 유적에서는 때때로 희망의 표식들이 나오기도 한다. 오래 전에 나무가 자라던 곳에서는 묘목에 붙었던 상표나 토탄 덩어리가 발견되는데, 이런 것들은 게릴라 가드너가 선택한 장소가 꽃밭으로서 잠재력이 있음을 말해준다. 나는 게릴라 가드닝을 하면서 장소와 시기에 따라 사람들의 주전부리 종류가 다르다는 사실을 알고 흥미를 느꼈다. 너무나 많은 음식물 포장지가 미생물로

분해되지 않고 남아 있어서 사람들의 행태를 조사하기란 식은 죽 먹기였다. 화단에서 나오는 칼이나 버려진 주사기처럼 그 지역의 음침한 행태를 말해주는 쓰레기를 보면 마음이 우울해진다.

 걷어낸 쓰레기는 그것이 원래 갔어야 할 곳에다 버리면 된다. 가까운 쓰레기통이나 건물의 쓰레기 컨테이너를 찾는다. 아니면 두꺼운 봉지에 넣어 길가에 두면 환경미화원이 치운다. 차가 있으면 실어서 지역 쓰레기 집하장으로 가져간다. 나의 게릴라 가드닝 활동은 24시간 운영하는 쓰레기 집하장을 방문하는 일로 끝날 때가 많았다. 그 쓰레기 집하장은 이미 운전을 멈춘 거대한 배터시(Battersea) 발전소 그늘에 있었는데, 발전소는 돌아가지 않았지만 분위기는 여전히 짜릿하게 으스스한 곳이었다.

 쓰레기라고 다 버려야 하는 건 아니다. 어떤 사람에게는 쓰레기지만 다른 사람에게는 황금일 수 있다. 쓰레기를 치우다가 보물을 캐낼 가능성은 늘 있다. 뉴욕 6번가에 있는 '크리에이티브 리틀 가든'(Creative Little Garden)에서 게릴라 가드너들은 버려진 벽돌과 장식품으로 통로와 경계선을 만들었다. 돌은 암석정원을 만드는 데 사용하고, 병은 똑바로 세워서 통로에 깔고 플라스틱 용기는 물 뿌리는 깔때기로 쓴다. 버려진 목재는 담장이나 퇴비 상자, 화단을 높이는 시설을 만드는 데 쓰면 된다. 어떤 때는 집으로 가져갈 물건도 나온다. 나는 페로넷 하우스 바깥 덤불에서 DJ들이 쓰는 믹싱 데스크를 찾아냈고 개리(Gary) 728은 마법사 인형을 파내서 경매에 붙여 게릴라 가드닝 자금으로 썼다. 흙 속에서 나오는 것들은 언제나 사람을 놀라게 한다.

가장 믿기지 않는 발견을 한 사람은 도널드(Donald) 277일 것이다. 그가 리즈 크리스티 가든에서 삽으로 깊은 구덩이를 파는데 갑자기 구덩이 아래에서 빛이 한 줄기 보였다. 리즈 크리스티 가든은 땅속으로 6번가 지하철(the Sixth Line)이 지나가는 곳이었는데, 벽돌을 걷어내자 바로 지하철 안이 들여다보인 것이다. 조사 결과 몇 군데에서 정원 지표와 지하철 천장 사이는 45cm밖에 되지 않았다. 도널드는 그 구멍을 간편한 쓰레기 투입구로 남겨두지 않고 벽돌로 막았다.

어떤 사람들은 쓰레기 줍기를 게릴라 가드닝의 유일한 핵심 활동으로 여기기도 한다. 레스터셔(Leicestershire)의 작은 마을 류번햄(Lubenham)에서 사진가로 일하는 조너선(Jonathan) 2168은 정기적으로 4304번 국도를 따라 마킷 하버로(Market Harborough) 마을까지 걷는다. 어느 날 길가에 버려진 잡지의 꾸밈없는 아름다움이 눈에 들어와 사진을 찍었다. 그리고 그것이 예술 프로젝트와 대규모 쓰레기 수거 계획의 출발점이 되었다. 그는 3년 전부터 영국 여러 갤러리에서 사진 전시회를 열고 자기 집 뒷마당에 엄청난 양의 쓰레기를 모았다(이웃들에게는 끔찍한 일일 것이다). 심지어 조너선은 그 쓰레기를 하나하나 씻고 세고 무게를 달았다. 그 결과 쓰레기 가운데 가장 흔한 품목은 펩시 회사 음료이고 시청이 행하는 도로변 보수공사에서 나오는 것이 전체 무게의 반을 차지한다는 사실을 알아냈다.

산더미 같은 쓰레기를 치울 일이 끔찍하다면 다른 사람이 그 일을 하도록 만든다. 가능하면 시청을 끌어들일 생각도 해야 한다. 톰(Tom) 354는 자기가 사는 해머스미스(Hammersmith)와 풀럼(Fulham) 시청으로 하여금 배런즈코트(Baron's Court) 마을의 어느 광장에 쌓인 매트리스들을 치우도록 한 뒤 게릴라 가드닝을 시작했다. 그러자 다른 곳보다 작업이 훨씬 수월했다. 뉴욕 브루클린의 퀸시(Quincy) 가 주민들은 어느 모퉁이 땅에 커뮤니티 가든을 만들기로 했다. 그곳은 주택을 헐어낸 장소로, 집주인인 리드(Reed) 목사가 폐차장으로 쓰도록 허락한 곳이었다. 거룩함과 깨끗함이 언제나 통하는 것은 아닌 모양인지, 리드 목사는 폐차장 공해로 인한 불만에 귀를 기울이지 않았다. 결국 주민들은 쓰레기 더미에 저항하는 연대 표지판을 세우고 인도에서 첫 번째 대규모 시위를 벌였다. 이 시위를 계기로 시청은 주민들의 항의를 받아들여 리드 목사에게 청소비 명목으로 수천 달러를 내도록 했다. 그가 청소비 납부를 거부하는 바람에 그 땅은 공유지가 되었고, 얼마 뒤 정원 작업이 합법화되어 게릴라 활동은 더 이상 필요하지 않게 되었다.

병충해는 누구일까?

모택동은 게릴라 부대를 '수없이 많은 각다귀'에 비교했다. 나는 동의하지 않는다. 게릴라 가드너들은 각다귀가 아니고 그들의 공격은 환경을 해치지 않는다. 우리가 걱정해야 하는 해로운 것들은 따로 있다. 무엇보다 정원을 가꾸는 모든 사람을 괴롭히는 것들은 벌레, 파리, 해충 또는 더 큰 동물처럼 넷 또는 그보다 많은 다리를 가진 생물이다. 원예서를 보면 이것들을 어떻게 처리할지 배울 수 있다. 또 '민달팽이 술집'(깊숙한 종이 상자에 맥주를 부어 민달팽이를 익사시키는 장치)이나 계란 껍데기를 부수어 만든 날카로운 판으로 달팽이를 쫓는 것처럼 기발한 방법을 써도 좋다. 그러나 게릴라 가드너들이 처리해야 하는 주된 해충은 다리가 둘인 것들이다.

공무원, 땅 주인

자기 땅이 아닌 곳에서 허가 없이 꽃밭을 만들면 땅 주인 또는 법을 집행하도록 고용된 사람들과 직접 부딪히게 된다. 사유지 침범은 단순한 말썽거리 정도지만 그곳에 허락 없이 꽃밭을 만들면 폭력으로 여겨진다. 영국에서는 '재물을 파손하는 범죄 행위'라고 정해져 있다. 게릴라 가드닝은 잠재적인 방해, 훼손, 오염, 질서 파괴를 의미한다. 그리고 마음이 닫힌 제3자들은 게릴라 가드너들에게 그런 의도가 없다는 사실을 받아들이지 않는다. 원예 전문가, 위생국 직원, 고속도로 관리 직원도 게릴라 가드너들을 괴롭힌다. 게릴라 가드닝 활동이 자신들의 업무와 겹친다고 생각하기 때문이다. 경찰과도 마찰을 일으킨다. 경찰은 자신들이 유지해야 하는 법을 게릴라 가드너들이 어기고 있다고 생각한다. 물론 땅 주인들도 허락 없이 자기 땅을 침범한 게릴라 가드너에 맞선다.

마찰은 피하는 게 상책이다. 아직 보여줄 결과물이 별로 없는 초기에는 더욱 그렇다. 체 게바라는 여러 날 동안 씻지 않으면 보이지 않는 방패가 생긴다는 사실을 알게 되었다. "우리 몸에서는 기묘하면서도 공격적인 냄새가 나서 가까이 오는 사람을 막는다." 눈길을 피할 목적이라면 나는 좀 다른 방법을 권한다. 근무 시간을 피한다. 공무원처럼 보이는 사람과 대화를 나누지 않는다. 혹시 그쪽에서 말을 걸어오면 꽃밭을 가꾸고 있다고 솔직하게 말하는 것이 좋다. 우리를 보면 그쪽은 파묻고 숨기고 훔치고 마구 훼손하는 등 꽃밭 가꾸기만 빼고 뭐든 상상할 것이기 때문이다. 지역을 좀 더 매력적으로 만들기 위해 자원봉사를 한다고 말해준다. 그런 말에 이의를 제기하기는 어려울 것이다(겉으로나마 깔끔했던 곳을 온통 흙더미 투성이로 만들어놓았다면 설득하기가 쉽지는 않겠다).

게릴라 가드너의 동기는 정치적인 쪽으로 기울어 있지만(땅은 시민의 소유물이고, 시민의 소유물이 엉망인 게 화가 나고, 더구나 배가 고프고 피곤하기까지 하다, 등), 그런 이야기를 해서 사태를 악화시키면 안 된다. 그렇게 되면 상대방은 매섭게 공격해올 것이다. 상대방에게 격식을 차리지 않고 친근하게 대하는 편이 낫지 않을까, 하는 생각이 들겠지만, 상대방이 호의적인 태도로 바뀔 때까지는 참아야 한다. (1649년 제라드 윈스탠리가 발표한 경작이유서는 영연방의 장군 토머스 페어팩스(Thomas Fairfax) 경에 대해 전혀 예를 갖추지 않고 '톰'이라고 부르는 바람에 정부의 호의적인 반응을 얻지 못했다.) 입술을 깨물고라도 정중하게 대해야 한다. 갑작스러운 행동은 피하고, 상대방이 편안하게 느끼도록 만들고 웃음을 잃지 말아야 한다.

나도 한창 작업 중이라서(전투 중이라서, 라고 해야 할까?) 하는 일을 숨길 수도 없이 공무원과 마주친 적이 몇 번 있다. 그 중 한 사람은 어느 토요일 오후에 도로청소차를 몰고 서더크의 게릴라 가든에서 작업을 하고 있는 내 앞에 나타났다(바보 같이 딱 걸린 것이다). 다툼의 원인은 내가 그의 쓰레기통을 사용했기 때문이었다. 근처 화단에서 나온 쓰레기를 그 쓰레기통에 넣기는 했지만, 그는 그 쓰레기까지 치우는 것은 자기 소관이 아니라고 생각했다. 내가 화단에서 나온 폐기물을 포함해서 쓰레기를 그 쓰레기통에 넣는 모습을 보자 그가 항의했다. "댁 때문에 쓰레기통이 너무 빨리 찬단 말이오." 우리도 결국 당신과 같은 일을 하고 있는 것 아니냐, 그리고 얼마나 많은 쓰레기를 치워야 할지 가늠할 수 없는데 어떡하란 말이냐, 하며 그를 설득했지만 그는 내내 납득이 가지 않는 얼굴이었다. 다음날 아침 그곳에 가보니 쓰레기통 하나 분량의 쓰레기가 새로 씨앗을 뿌린 화단에 쏟아져 있었다. 이 다툼은 지역 매체가 "게릴라 가드너, 분노하다"라는 요란한 제목으로 기사를 낸 뒤에야 해결되었다. 그 뒤로 서더크 구청은 체면이 깎일까봐 나의 쓰레기 수거를 내버려두기로 한 모양이었다.

행정기관의 의뢰를 받아 일하는 사람들과는 달리 경찰과 안전 요원들은 보통 저녁에 돌아다닌다. 그래도 그들과 말썽이 나는 경우는 흔치 않다. 당장 눈으로 확인할 결과물이 없는 경우에도, 우리는 동네를 깨끗하고 아름답게 만들려고 이러는 것이라고 말해주어야 한다. 명확한 이야기로 대화를 나누면 우리의 활동이 칭찬받을 만한 일임을, 최악의 경우라도 신경 쓸 필요 없는 하찮은 일임을 납득시키기가 쉬워진다. 길 가에 경찰차를 대놓고 경찰관들이 이야기를 나누느라 자리를 뜨지 않는 모습을 자주 보았다. 그런데 어느 날 경광등을 켜고 사이렌을 울리면서 경찰차가 오더니 정복을 입을 경찰관 두 사람이 내 쪽으로 다가왔다. 그리고는 내게 나무를 훔치는 게 아니냐고 물었다. 나는 그들에게 민들레(*Taraxacum officinale*)로 가득한 모종판을 보여주었다. 다행히 그 경찰관들은 잡초를 구별할 줄 알았다. 그들은 밤 12시 30분에 혼자서 흙을 파는 모습을 어이없다는 듯이 바라보다가 자리를 떴다.

내가 법적인 문제로 말썽을 겪은 것은 차를 타고 게릴라 가든에 갈 때였다. 경찰은 2005년에 제정된 테러방지법을 근거로 차를 세우게 했다. 경찰은 내 차에 폭발력이 강한 비료 폭탄이 가득 실렸다고 의심했다(그날 차에는 비료가 아니라 나무 조각이 실려 있었다). 브뤼셀의 지라솔 829와 동료들은 미국 대사관의 제보를 받고 놀란 경비원들에게 둘러싸였다. 그들이 드라이버로 땅을 파는 모습을 보고 누군가가 제보를 한 것이다. 다행히 지라솔도 잡혀가지는 않았다. 또 한 번은 일행 여섯 명이 우리 집 근처에 새로 만든 화단에서 30분쯤 작업을 했는데 갑자기 경찰차 세 대와 열 명이 넘는 경찰관이 우리를 포위했다. 우리는 잡초를 뽑고 지저분한 가장자리를 정리하던 참이었다. 우리가 작업하는 곳은 차도와는 울타리로, 행인들이 다니는 길과는 앵초(*Primula denticulate*)와 초롱꽃(*Campanula poscharskyana*) 모종으로 안전하게 차단되어 있었다. 그들을 안심시키려고 애를 썼지만 경찰관들은 우려를 떨치지 못하고 작업을 중단시키려 했다. "기구를 내놓지 않으면 체포하겠습니다." 그 가운데 한 명이 당장이라도 기물파손죄로 잡아 넣을 기세로 단호하게 말했다. (내가 보기에는 우리를 막아선 경찰의 규모와 그들이 소비하는 시간이야말로 범죄에 가까운 낭비였지만, 일단 물러서기로 했다.) 물론 오래 물러나 있을 우리가 아니었다. 한 시간 반 뒤 다시 돌아가 작업을 마무리 지었다. 다행히 그런 난처한 경우는 흔치 않다. 오히려 지나가는 경찰관이 반가워하며 차 한 잔을 주고 우리가 하는 일을 지지한다고 응원을 보내는 일도 있다(아직 우리와 함께 작업을 하는 정도는 아니지만). 경찰관들은 사실 게릴라 가드닝보다 더 심각한 일이 많다.

게릴라 가드너들과 무척 심각한 갈등을 일으키는 공무원들이 있다. 그들이 생각하는 유일한 업무는 주민의 상식을 억누르고 방해하는 것이다. 그들은 누구나 최악의 행동을 할 것이라고 예상하고 그런 예상이 옳다는 것을 입증할 기회를 찾는다. 그들은 자기 업무를 너무나 편협하고 엉뚱하게 이해하고 있어서, 우리를 방해하는 것 말고는 할 일이 없다고 생각한다. 2005년 여름, 58세의 맬컴(Malcolm) 332는 그런 공무원과 심하게 부딪혔다. 그가 사는 동네는 옥스퍼드의 브래드랜즈(Bradlands)로, 1960년대에 지은 아파트들이 목초지로 둘러싸인 곳이었다. 그는 그전에 경연대회에서 상을 받을 정도로 뛰어난 정원 전문가였는데, 그의 기준으로 본 공용 공간은 너무나 실망스러웠다. 행동에 나선 그는 먼저 쓰레기와 개똥을 치우고 풀을 깎고 잡초를 뽑고 창틀의 화분들을 손보고 자동차 진입방지 말뚝을 새로 칠했다.

그러던 중 운 없게도 시청의 '범죄 및 불편 대응팀'이 그의 활동을 알게 되었다. 대응팀이 지역 언론에 설명한 대로 "길고도 비용이 많이 드는 조사 끝에" 맬컴은 공공용지에서 풀 깎기, 퇴비 만들기, 모닥불 피우기, 채소 기르기를 포함해서 모든 별난 행동을 하면 안 된다는 명령을 받았다. 이웃을 도우려면 이웃의 서면 동의서를 받아 미리 대응팀 사무실에 제출하라는 지시도 받았다. 아마도 이웃 가운데 누군가가 시청에 이의를 제기한 모양이었지만, 그렇게 맬컴에게 불만을 가진 사람보다는 훨씬 많은 사람들이 대응팀 사건 이래로 그를 지지하게 되었다.

맬컴은 야비하고 치사한 싸움에 휘말려들었다. 시청 직원이 그가 만든 퇴비 더미에서 죽은 쥐를 찾아내자, 추잡한 모략이라고 생각한 맬컴은 옥스퍼드 대학의 전문가를 데려다 그의 퇴비 더미가 공중위생을 해치지 않는다는 것을 입증하게 했다. 싸움은 지역 매체까지 번졌다. 맬컴은 영리하게 자신의 명분에 대한 지지를 이끌어냈다. 그 결과 하얀 롤스로이스를 탄 익명의 지원자가 그가 작업하던 곳으로 들어와 잔디 깎는 장비를 새로 사주겠다고 약속하는 일까지 벌어졌다. 결국 방해만 하던 시청은 체면을 구기지 않기 위해 그의 활동을 허용하고 말았다.

공식적인 허가를 받았다고 해도 행정기관과 다투는 일이 완전히 끝나지는 않는다. 뉴욕의 게릴라 가드너들은 1990년대 중반 이후로는 길거리 전투가 완전히 끝났다고 생각했다. 그 전에 몇몇 게릴라 가든이 불도저에 뭉개지는 일이 있기는 했지만, 게릴라 가드너들이 주택관리개발국에 형식적인 임대료를 지불하기로 동의한 뒤로 대부분 게릴라 가든은 합법화되었다. 그들은 또한 '그린섬'(Green Thumb)이라는 공공재단의 후원까지 받고 있었다. 하지만 1997년이 되자 정치적 지형이 달라졌다. 줄리아니 시장이 게릴라 가든 가운데 300곳을 개발업자들에게 매각하기 시작한 것이다. 아무런 값어치가 없어 보이던 땅뙈기들이 갑자기 개발을 위한 노른자위 땅으로 보이기 시작한 모양이었다. 게릴라 가드너들뿐 아니라 다른 시민들까지 가담한 대규모 저항 덕분에 게릴라 가든 여러 곳은 무사히 살아남았지만, 싸움이 완전히 끝난 것은 아니었다.

두 해 전에는 할렘에 만들어진 지 15년 된 푸에블로 우니도(Pueblo Unido) 꽃밭이 호화 아파트 공사 때문에 철거되었다. 2007년 4월 13일은 흔히 말하듯 불길한 13일의 금요일이었다. 그날 지역 주민들은 꽃밭 덤불을 마구 자르고 들어오는 용역 일꾼들을 보았다. 무슨 일이냐고 묻자 그들은 그곳이 자기들이 만든 꽃밭이라고 거짓말을 했다. 누가 지시한 일인지에 대해서는 입을 다물었다. 게릴라 가드너들이 경찰을 불렀지만 그들은 끝까지 대답하지 않다가 트럭을 타고 물러났다. 불행히도 꽃밭은 이미 많이 훼손된 상태였다. 뉴욕의 게릴라 가든을 보존하기 위해 싸우는 어레시(Aresh) 1451가 훼손 정도를 살펴보았다. 복숭아 나무(*Prunus persica*) 한 그루만 심하게 상처를 입은 채 살아남았고 나머지는 모두 뭉개지고 말았다. 다 자란 나무 네 그루, 장미 넝쿨(*Rosa supp.*) 네 그루, 기구를 보관하는 헛간, 정원에서 쓰는 구조물, 바비큐 설비, 농구대 등이 사라졌다. 용역을 동원한 그런 불법적인 선제공격은 보통 상대방의 투쟁 의지를 꺾기 위한 것이다. 그 동네에서 목사로 일하는 마이클 빈센트 크리(Michael Vincent Crea)는 "이 사건은 완전히 테러 행위였다"고 말한다. 게릴라 가드너들은 계속 싸워 정원을 되찾겠다고 맹세했다.

게릴라들은 행정기관의 용역과 기계보다 먼저 게릴라 가든에 가 있어야 한다. 심상치 않은 시기에는 아예 그곳에 머물면서 망을 보는 게 낫다. 재커리 922는 '정원방어장치'라는 것을 만든다. 그가 만든 것 가운데 한 가지는 뉴욕의 '모어 시니어 가든'(More Senor Garden)에 설치되어 있는데, 은행나무(*Ginkgo biloba*)의 11*m*쯤 되는 높이에 건 해먹처럼 생긴 그물이다. 정원에 위험이 닥치면 두 사람이 기어 올라가서 머무는 곳이다. 이런 장치에도 불구하고 2003월 10월 이 정원은 불도저에 희생되었다. 심지어 그곳에 있던 닭장까지도 뭉개지고 말았다. 재커리와 '모어 가든 동맹'(More Gardens Coalition)은 정원을 되찾기로 했다. 그는 키트로 조립한 방갈로를 가지고 밤에 정원으로 쳐들어갔다. 그리고 그 방갈로 안에서 동료들과 함께 12월이 다 가도록 야영을 했다. 경찰이 오자 게릴라 가드너들은 허리에 쇠사슬을 감은 뒤 이른바 '잠자는 용'(PVC 파이프와 수갑 또는 자물쇠를 이용해서 팔이나 몸을 묶어 끌어내지 못하도록 하는 시위 방법)에 묶었다. 잠자는 용에서 사람을 떼어내기란 몹시 어렵다. 그래서 끌려 나가지 않고 버티면서 미디어가 도착해서 취재할 때까지 시간을 버는 것이다. 물론 게릴라 가드너에게 유리한 기사를 기대하기 때문이다.

재커리는 투쟁 전술에 관한 한 현실적인 사람이다. "결국에는 꽃밭을 지키지 못할 것이다. 하지만 이렇게 하면 다른 꽃밭들이 공격당하는 것을 초기에 막을 수 있다. 가능한 모든 방법이 서로 상승효과를 내도록 해서 공동체 꽃밭에 대한 사람들의 관심을 이끌어내는 것이다." 지금 그는 위협을 당하는 다른 꽃밭의 구원 요청에 호응해서 게릴라 가드너들이 연합해서 방어할 수 있도록 훈련시키고 또 직접 행동에 나서고 있다.

도둑과 파괴자

"도대체 뭘 하는 겁니까? 그게 아침까지 남아 있겠어요?" 길을 가던 후줄근한 사람이 의아한 표정으로 물었다. 그때 우리는 아무것도 없던 곳에 멋진 나무를 심고 있었다. 대부분의 경우 사람들의 비관론에는 아무런 근거가 없다. 나무는 그 동네가 생각보다 그렇게 나쁘지 않다는 것을 보여주는 증거다. 하지만 사람들의 출입이 자유로운 곳에 꽃밭을 만들면 도둑과 파괴자들이 문제가 된다. 식물이 도둑맞는 것은 잡초와 쓰레기를 제대로 치우지 않는 시스템과 직접 연결되어 있다. 이런 일이 제대로 이루어지지 않으면 그 꽃밭은 금세 버려진 것처럼 보이기 시작한다. 경험에 의하면 그런 뒤죽박죽인 장소에서 자라는 식물은 열성적인 게릴라 가드너에 의해 '해방'되기도 한다.

재대로 작업이 이루어지는 꽃밭도 공격을 받는다. 페로넷 하우스 바깥에 내가 심은 오리엔탈 양귀비(*Papaver orientale*)는 3년 연달아 꽃이 피자마자 거의 줄기 아래쪽부터 뽑히고 말았다. 캐나다 몬트리올(Montreal)의 뤼크(Luc) 158은 셔브루크 이스트(Sherbrooke East)의 도로 울타리를 따라 긴 L자 모양의 화단을 만들었는데, 해마다 같은 시기에 공격을 받는다. 앤드류 1679는 해크니(Hackney)에 있는 화단에서 워싱턴 야자(*Washingtonia robusta*)와 구주소나무(*Pinus sylvestris*)를 도난당했다. 우리는 그런 도난을 실망스럽지만 전투에서는 있을 수밖에 없는 손실로 묵묵히 받아들이는 편이다.

샌프란시스코 필모어(Filmore) 가에 사는 매트(Matt) 1764와 제니퍼(Jennifer) 1765는 자신들이 가꾸는 길가의 게릴라 가든에서 벌어지는 방해공작을 즐기는 법을 배웠다. 파괴자가 가로수 보호시설에 심은 야생화를 뽑고 울타리를 망가뜨렸지만, 두 사람은 그 파괴자를 '투덜이'라고 부른다. "망가뜨리면 우리는 그 두 배만큼 사랑을 가지고 다시 오는 거죠. 그러니까 그런 짓을 하려면 아주 끈질겨야 할 겁니다. 꽃이 우리에게 주는 소중함에 비하면 그런 투덜이들 때문에 얻는 아픔 정도는 아무것도 아닙니다." 심지어 두 사람은 뽑히고 망가진 야생화로 부케를 만들어 집으로 가지고 가기까지 한다.

뉴욕의 애덤(Adam) 276은 묵묵히 받아들이지 않고 맞서 싸운다. 어느 날 훼방꾼 한 사람이 그가 가꾸는 꽃에 소변을 보았다. 그러자 그는 상수도관 본선에 연결된 강력한 호스로 그 사람이 타는 BMW 컨버터블을 공격했다. 그 뒤 애덤은 배설하는 사람들을 막는 장치로 화단을 보호하고 있다. 그가 '소변판'이라고 부르는 투명한 플라스틱판으로 화단을 덮은 것이다.

이런 싸움을 할 자신이 없으면 화단을 덜 화려하게, 눈에 덜 띄게 만드는 것도 방법이다. 자극적이고 이국적인 식물은 눈길을 끌게 마련이다. 그런 식물을 심고 싶으면 행인이 어슬렁대거나 담장 너머로 손을 뻗을 마음이 덜 생기도록 해야 한다. 아니면 꽃을 많이 심어서 어느 하나가 표적이 될 정도로 튀지 않도록, 그리고 그 가운데 얼마간은 잃어도 괜찮도록 한다. 마거릿 2878처럼 잃어버리지 않기 위해 숨기는 사람도 있다. 그녀는 교회 묘지에 만든 꽃밭에서 담장과 비석 사이에 값비싼 서양개암나무(Corylus avellanus) 관목과 블랙베리(Robus fruticosus)를 심었다. 1m 정도 튼튼하게 자랄 때까지는 눈에 띄지 않을 장소였다. 구근을 땅에 묻으면 안전하게 꽃밭을 개량할 수 있다. 구근에서 핀 꽃은 도둑맞을 수 있지만, 해가 지나면 반드시 다시 꽃을 피운다. 아카데미상을 받은 원예 코미디 영화 〈빙데어(Being There)〉에 나오는 정원사 챈스(Chance)의 이야기가 도움이 될 것이다. "뿌리가 잘리지만 않으면 아무 문제도 없어. 그러면 꽃밭에 있는 모든 게 다 괜찮은 거야."

술주정뱅이

밤늦은 시간 악명 높은 동네에서 게릴라 가드닝을 한다면 정신 나간 사람을 만나는 일도 있을 것이다. 게릴라 가드너가 그런 사람의 눈길을 피하기란 쉽지 않다. 씨앗을 뿌리는 간단한 작업이 아니라면 대원들 가운데 적어도 한 명은 그 동네를 잘 아는 사람이면 좋다. 게릴라 가든이 동네 구석진 곳이거나 근처에 술집이 있다면 더욱 그렇다. 헤일리 2050은 영국 본머스(Bournemouth)에 사는, 뜻은 좋지만 좀 순박하고 야행성인 젊은 여성 게릴라 가드너다. 동네 건너편에 있는 저택 주변에서 게릴라 활동을 하다가 건들거리는 남자에게 쫓긴 적이 있다. 북부 런던의 영주관에서 어느 술주정뱅이는 우리가 새로 심은 라벤더(Lavandula angustifolia)가 사람이 누워 자는 예쁘고 향기로운 침대가 될 수 있는지 시범을 보이라고 고집을 부렸다. 다행히 그 사람이 금세 흥미를 잃어버리는 바람에 라벤더를 살릴 수 있었다.

우리가 만난 가장 끔찍한 취객은 웨스트민스터 브리지(Westminster Bridge) 가에서 만난 덩치가 어마어마한 사람이었다. 그는 자기를 즐겁게 해줄 사람이 20대쯤 되는 젊은이들이고 게다가 섹시한 여성도 있다는 사실에 기분이 좋은 모양이었다. 그는 호주에서 보모로 일하는 새러(Sarah) 288 곁에 앉아서 그녀가 자신이 본 가장 아름다운 공주라고 떠벌였다. 그녀가 별로 대응하고 싶지 않은 것 같아서 내가 끼어들었다. 이런 경우에는 적절한 말이 필요하다. 부드러운 공격이 가장 효과적이다. 예를 들어 "나는 사회봉사 활동 중입니다. 잠시 기다리면 가석방 담당자가 여기로 옵니다." "우리가 파내는 흙은 납과 석면으로 심하게 오염되어 있어요." 같은 말이 효과가 있다. 우리 경험으로는 부랑자의 생활양식과 종교적 미신은 서로 아주 밀접하게 연결되어 있다. 그래서 나는 "우리 아버지가 목사님이오"라는 말을 잘 써먹는다. 이것은 경찰한테도 통하는 말이다. 그러니 누구라도 빌려 쓰기 바란다.

또 다른 방법도 있다. 그런 사람들을 침착하게 다루는 방법을 잘 안다면 게릴라 가드너로 끌어들이는 것이다. 우선 흙을 뒤집거나 잡초를 자루에 넣는 것처럼 간단히 손으로 할 수 있는 일을 시키고 지켜본다. 우리는 런던 해크니에서 게릴라 가드닝을 하다가 알렉산더(Alexander) 2237을 만났다. 그날 저녁 그는 주변에는 눈길을 주지 않고 네이오미(Naomi) 272와 리타(Lita) 610이 쇠스랑으로 이랑을 만드는 모습에만 신경을 쓰는 것 같았다. 두 여성은 알렉산더를 편하게 생각했다. 그래서 우리와 함께 꽃밭 만드는 일을 해보자고 설득하는 것은 어렵지 않았다. 그는 한 시간 동안 미친 듯이 땅을 뒤엎은 뒤 지쳤지만 만족스러운 얼굴로 삽을 돌려주었다. 다만 보수를 달라고 하는 바람에 좀 움찔하기는 했다. "맥주 한 캔 값이면 충분해요." 하지만 그 요구는 그가 한 일을 생각하면 정당한 거래였다. 술 취한 사람이 스스로 힘을 보탰다고 생각하면 나중에라도 그 꽃밭에 신경을 쓸 뿐 아니라 거친 친구들이 훼방하지 못하도록 막아줄 것이다.

반려동물

우리 게릴라들 사이에도 개가 끼어들 자리는 있다. 공공용지에 만든 화단에서는 잘 훈련된 개가 있으면 분위기가 편안해지고 안전한 느낌도 든다. 게다가 지나가는 사람들과 이야기를 시작하기도 쉬워진다. 우리 아버지가 키우는 플랫 코티드 레트리버 강아지 벨라는 쓰레기를 치우고 있으면 신이 나서 돕는다. 개가 인간에게 최고의 친구인 것은 분명하지만 그런 반려동물을 키우는 주인 가운데는 해로운 사람들이 있다. 견주가 강아지에게 그 냄새 지독한 대변을 주로 어디에 보게 하는지 생각하면 알 수 있다. 가로수 보호시설은 게릴라 가드너에게는 화단을 만들 수 있는 장소지만 견주들에게는 강아지 소변통이다. 그래서 강아지들이 가장 좋아할 것 같은 장소에서는 반드시 장갑을 사용한다. 그보다는 표식을 세워서 견주들이 반려동물을 다른 곳으로 데리고 가도록 하는 편이 좋다.

견주들이 반격할 가능성은 언제든지 있다. 어느 봄날, 토르구트

(Torgut) 1561과 친구들은 베를린 리하르트 조르게(Richard Sorge) 가 교차로에서 돼지감자(*Helianthus tuberosus*)를 손보고 있었다. 그때 건장하고 머리를 민 남자가 커다란 개 두 마리를 데리고 위협적으로 다가왔다. 견주는 게릴라 가드닝이 강아지가 길가에 실례를 하는 관행에 반대하는 시위라고 생각했다. 그래서 토르구트를 밀어 쓰러뜨린 뒤 삽으로 겁을 주었다. 경찰이 온 것은 그 양아치가 소리를 지르면서 자리를 뜬 뒤였다. "밤에 와서 여기 꽃을 모조리 뽑아버리겠어!" 절망에 빠진 게릴라 가드너들은 그곳에 표지판을 세워 견주들에게 분란을 원하지 않는다는 뜻도 알리고, 가까스로 위험을 벗어난 날짜도 써 넣었다.

게릴라 가든을 보호하는 방법을 생각해야 한다. 뉴욕의 게릴라 가드너들은 꽃밭을 만들자마자 울타리부터 둘렀다. 도둑과 강아지를 막기 위해서였다. 요즘 맨해튼에서 강아지 출입을 허용하는 게릴라 가든은 거의 없다. 다행히 뉴욕 다른 곳에서 강아지들을 위해 별도의 배변 장소를 마련해놓고 있다. 베를린의 율리아 013은 녹지를 필요로 하는 반려동물을 위해 자신이 가꾸는 '분홍장미정원'(Garten Rosa Rose)을 둘로 나누고 그 사이에 높은 울타리를 세웠다. 게릴라 가드너가 한쪽을 차지하고 반려동물과 주인이 다른 쪽을 쓰도록 한 것이다.

조금 다른 게릴라 가드너

이런 분쟁에서는 게릴라 가드너들끼리 싸우는 경우도 있다. 땅은 부족하고 또 무엇을 버려진 땅으로 볼 것인가 하는 문제를 둘러싼 견해가 서로 달라서, 자칫하면 게릴라 가드너가 다른 게릴라의 꽃밭을 파헤쳐서 마음대로 식물을 심을 수 있다. 내가 쓰던 커다란 콘크리트 식목상자를 두고 바로 그런 일이 일어났다. 별로 눈에 띄지 않는 그 식목상자가 누군가에 의해 망가진 뒤 나는 공격자들이 보기에 덜 화려하고 덜 자극적인 종류로 바꾸어 심었다. 하지만 식목 상자는 다시 파헤쳐졌다. 이때 같은 아파트에 사는 마이크(Meike) 155가 길 건너편에 사는 조(Joe) 601이 내가 심은 한련(*Tropaeolum majus*)을 뽑고 대신 꽃이 핀 미국개나리(*Forsythia intermedia*)를 심는 모습을 목격했다. 내가 제비꽃을 심었던 곳에는 새로 이웃이 된 실바노(Silvano) 2042가 커다란 대나무인 포대죽(*Phyllostachys aurea*)를 심었다. 나중에 안 사실이지만 두 사람은 내가 이 지역에서 게릴라 가드닝을 하고 있다는 것을 몰랐다. 이야기를 나누어보니 두 사람이 사는 곳에 있는 식목상자들은 상태가 좋지 않았다. 처음에는 당황했지만 두 사람이 가꾸는 식목상자들이 훨씬 좋아졌다는 이야기를 듣고 오히려 기뻤다. 그들이 보인 관심을 계기로 나도 다른 곳에서 게릴라 가드닝을 할 때 원하는 수준을 높이게 되었다.

이 사례에서는 심각한 이슈를 가볍게 다루는 면이 있다. 우리가 남의 땅을 불법으로 사용하고 있다면 다른 누군가도 역시 같은 권리가 있을 것이다. 더구나 그 땅을 사용하는 데서 빠진 사람들이 그 땅을 더 잘 가꿀 수 있다고 생각하는 경우는 더욱 그렇다.

게릴라 가드너들 사이의 옥신각신은 때때로 심각한 분쟁으로 발전한다. 아마도 가장 충격적인 사례는 브라질 산투 안토니우

(Santo Antônio) 바로 남쪽에서 벌어진 다툼일 것이다. 열다섯 가구가 사용하지 않는 땅을 점거해서 10년 넘도록 농사를 지었다. 그런데 어느 날 가까운 곳에서 소를 키우는 목장 주인이 그곳 방향으로 목장을 넓히려고 했다. 어느 쪽도 땅에 대한 법적인 권리를 주장할 수 없는 상황이었다. 1981년 8월 목장 주인은 불량배 18명을 고용해서 추악한 일을 맡겼다. 그리고 '불법거주자들'을 내쫓으면 그 대가로 빼앗은 땅의 절반을 주겠다고 약속했다. 불량배들은 주민 모두를 포박한 뒤 오두막에 불을 지르고 식품과 곡물을 태웠다. 불에 타지 않는 물건은 강물에 떠내려 보냈다. 그러고는 농부들을 차에 태워 고속도로를 달려 먼 곳에 내려놓았다. 하지만 사람들은 살던 곳으로 돌아와 다시 오두막을 짓고 식량을 찾아냈다. 불량배들이 다시 쳐들어오자 농부들은 총으로 그들을 내쫓았다. 다행히 브라질 정부의 토지개혁 담당부서가 나섰고, 1983년 농부들은 드디어 땅의 소유권을 인정받았다.

계획과를 위태하는 것들

모택동은 122명 규모의 게릴라 부대에는 반드시 열 명의 요리 담당자와 이발사 한 명이 있어야 한다고 명시한다. 그런 비율이라면 게릴라 가드너 12명 가운데 한 명은 요리사(그리고 이발사의 팔 하나)여야 할 것이다. 열두 명이라면 게릴라 가드너 부대로는 전형적인 규모다. 모택동은 요리사의 업무를 '위안 업무'라고 부르면서 차와 밥을 제공하도록 권한다. 나는 게릴라 활동을 하는 동안 밥을 먹은 적은 없지만, 요리사를 자처한 동료들이 여러 가지 맛있는 군것질거리를 가져다주어 에너지와 체온과 우정을 보충한다.

새러 288은 게릴라 가드닝 첫날 직접 만든 앤재크(Anzac) 비스킷을 가져왔고 라일라 1046은 보온병에 핫 초콜릿을 넣어왔다. 톰 354는 아내가 만든 브라우니를 가져와 나누었고 베로니카 1437은 후무스, 치즈, 비스킷을 나누었다. 좀 더 '독한' 게 통하기도 한다. 짐 006은 허리에 차는 술병에 위스키를 넣고 다닌다. 작업이 끝나고 맥주집에 들르면 분위기를 유지하는 데 도움이 된다(신발에 묻은 흙을 털어내기에도 좋은 장소다).

꽃밭 일을 하다가 마음이 가장 따뜻해질 때는 낯모르는 사람이 뜨거운 차와 비스킷을 들고 찾아오는 경우다. 그런 제스처는 지역 공동체가 게릴라 가드너 편이 되고 있다는 확실한 증거다. 이제 주민들은 게릴라 가드너들이 무엇을 하는지도 알고 또 그들의 활동을 좋아한다. 그리고 돕고 싶어 하고 알고 지내려고 한다. 차와 비스킷, 이보다 좋은 환영 인사는 없다. 몇 시간 작업을 한 늦은 밤, 낯선 사람이 주는 차야말로 세상에서 가장 향기로운 차다.

런던 블랙프라이어스 브리지(Blackfriars Bridge) 근처 교통섬에서 작업을 하고 있을 때 이름이 시캔더(Sikander)인 경비원이 가까운 사무실에서 건너오면서 생과일주스와 바나나를 가져왔다. 어느 독지가로부터 수표를 받은 적도 있다. 독지가는 그 돈을 꼭 푸짐하게 한 끼 먹는 데 쓰라고 당부했다. 푸른 식물도 마실 것이라면 언제나 대환영일 것이다.

| 퍼플 321이 센트럴 파크 산책로에 떨어진 말의 배설물을 쓸어 담고 있다

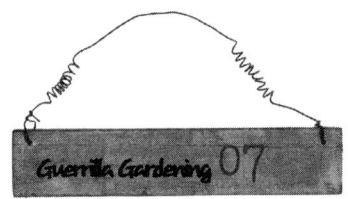

선전의 열매는 공감이다

"길을 걷다 보면 향기를 맡을 수 있어요." 클린턴 커뮤니티 가든을 향해서 걷던 게릴라 가드너 한 사람이 맨해튼의 공기를 훅 들이마시며 자랑스레 말했다. 빵집에서 냄새가 퍼지는 것처럼 향기가 넘치는 꽃밭은 숨을 수 없다. 꽃밭은 새와 벌의 도움으로 씨앗을 멀리 퍼뜨리면서 스스로 번식한다. 꽃밭은 굶주렸든 아니든 행인의 감각기관도 자극한다. 디젤 매연과 담배연기와 개똥냄새가 섞인 도시의 익숙한 냄새가 한 바탕 지나간 뒤 고광나무(*Philadelphus coronarius*)나 받침꽃나무(*Calycnathus floridus*) 꽃향기를 맡으면, 꽃밭의 매력은 더욱 커진다. 꽃밭의 향기는 꽃을 보기도 전에 사람을 끌어들인다. 향기는 사람들을 꽃밭에 머물게 하고 꽃밭의 소중함을 더욱 절실하게 느끼게 한다. 감동이 공감으로 이어지는 순간이다.

애덤 276은 사람들에게서 '오! 와! 같은 감탄사를 이끌어내는 요소'가 공동체 꽃밭이 성공하기 위해 결정적으로 중요하다고 말한다. 원예 수준이 높은 게릴라 가든은 그것을 보고 냄새 맡는 모든 사람들에게 강력한 메시지를 던진다. 이 메시지는 꽃밭과 게릴라 가드너의 성공을 알리는 긍정적인 선언이다.

그러나 꽃밭의 향기와 색깔만으로 승리를 굳히기에 충분하리라 생각하면 안 된다. 정원의 천연 광고수단을 인위적으로 강화해야 한다. 빵의 냄새와 황금빛 외관만으로 장사를 하는 빵집은 성공할 수 없다.

우리가 하는 활동이 단순히 재미를 위해서 벌이는 소소한 싸움이 아니라고 생각한다면 선전이라는 요소가 중요해진다. 한스 폰 다흐(Hans con Dach, 스위스의 전술서 저자)는 게릴라전 가이드에서 이렇게 썼다. "주민은 게릴라에게 최고의 우군이다. 그들의 공감과 적극적인 지원 없이는 게릴라는 더 이상 살아남을 수 없다." 게릴라 가든도 마찬가지다. 선전이야말로 주민들의 공감을 얻어내는 데 가장 중요한 수단이다. 전술서의 몇 페이지를 이 주제에 할애한 체 게바라는 다음과 같이 정리한다. "혁명 정신은 적절한 미디어를 통해서 가장 외진 곳까지 전달되어야 한다."

그렇다고 너무 겁먹을 필요는 없다. 선전이라고 해서 부지불식간에 사람의 마음을 바꾸어 놓는 메시지인 것은 아니다. 물론 꽃의 힘을 믿는 영웅 존 레논은 '마인드 게임'이라는 노래에서 '마

| 우리의 활동을 다룬 기사가 지역 신문 1면을 차지했다

인드 게임'과 씨앗 심기가 잘 어울리는 것임을 인정한다. "우린 함께 마인드 게임을 하고 있다네. 담장을 없애고 씨앗을 심고 마음속으로 게릴라 놀이를 하면서." 선전은 사람을 속이는 것이 아니다. 그것은 단지 진솔한 메시지를 효과적으로 퍼뜨리는 것을 가리킬 따름이다.

선전의 목적은 대원 모집과 꽃밭의 보호, 두 가지다.

대원 모집

| 꽃밭 일을 함께 하거나 재정적인 지원을 할 사람을 끌어들이는 일.
| 각자가 사는 지역에서 게릴라 가드닝을 하도록 권하는 일.

꽃밭의 보호

| 꽃밭을 즐기도록 주민들을 설득함으로써 꽃밭이 위협을 받을 때 보호받을 수 있도록 하는 일.
| 자원봉사자들이 만든 꽃밭임을 알려 훼손하지 않도록 하는 일.

이 두 가지 중요한 목적을 염두에 두고 내가 게릴라 가드너들과 함께 경험하고 그들에게서 배운 선전 기술을 검토해보자. 선전은 예상할 수 없는 도구라서, 지금부터 몇 페이지에 걸친 서술이 활동 지역에서 긍정적인 인상을 전하는 깔끔한 처방처럼 보일 수는 있어도 결과를 보장하지는 않는다. 우리의 메시지를 바깥에 있는 사람들에게 제대로 전달하는 일은 씨앗을 심는 일과 같다. 제대로 싹이 터서 퍼져나갈지 아니면 시들어버릴지, 그럼처럼 아

름다운 꽃으로 피어날지 아니면 성취하려는 모든 것을 질식시킬 정도로 못 말리게 따분한 것이 될지 아무도 모르기 때문이다. 이런 점을 바탕으로 선전의 '일곱 기둥'을 이야기할 수 있을 것이다. 이 가운데 어떤 것을 사용할 것인지는 게릴라 가든에 대한 야망이 얼마나 큰가, 그리고 목적을 달성하려는 의지가 얼마나 강한가 등에 따라 정해진다.

대화는 최상의 홍보다

우리가 하는 활동은 불법이고 비밀스러우며 때로는 어둠의 힘에 의지하지만, 그렇다고 스스로 밤을 친구삼아 일하는 스파이라고 생각할 일은 아니다. 손과 무릎에 흙을 잔뜩 묻힌 채 집에 오는 것을 애써 변명하면서 사랑하는 사람들을 속일 필요는 없기 때문이다.

그래서 선전을 시작하는 장소는 바로 집이다. 가족, 친척, 친구의 신뢰, 나아가서는 그들의 열정을 내 편으로 만드는 것이다. 이 점은 아주 중요하다. 최종 목적은 그들을 대원으로 끌어들여 함께 활동하도록 하는 것인데, 초기부터 그들에게 활동의 목적을 말해 주는 것이 중요하다. 활동을 하는 중에 체포나 사고 같이 뜻밖의 일들이 일어날 수 있기 때문이다. 일이 벌어진 뒤에 게릴라 가드너의 활동을 설명해서는 안 될 일이다. 미리 걱정을 하라는 이야기는 아니다. 게릴라 가드닝은 비교적 안전한 활동이다. 하지만 기본적인 선전활동에서 상식적인 안전 문제를 생각해야 한다는 것이다.

행여나 팬지 모종과 쇠스랑을 가지고 로터리 화단에서 쓰러진 채 발견될 경우 가족의 심정을 생각해보면 그렇다. 선전은 우리가 하는 활동을 있는 그대로 보여주는 것 이상이 아니다.

   모종삽으로 땅을 팔 예정이라고 사람들에게 미리 알린다. 이런 공개적인 행동은 우리 자신에게 자극제가 되는 선전활동이기도 하다. 게릴라 가드닝의 결과와 재미도 알려주고 있을 수 있는 위험도 살짝 이야기한다. (위험이라고는 하지만 그 가능성은 아주 낮다고 생각해도 좋다.) 그리고 다른 게릴라 가드너들의 성공사례도 소개해서 우리도 그런 결과를 얻을 수 있다는 믿음을 준다. 이런 이야기를 하고 나면 어떤 친구가 마음이 열리고 어떤 친구가 계속 의구심을 가지는지 알 수 있다.

   나는 혼자 하기에는 크다 싶은 곳을 공략하기 전에 친구들의 참여를 구하기 시작했다. 먼저 꽃밭 개척하는 일에 열성을 가진 것이 분명한 두 사람을 끌어들였다. 당시 야간 강좌를 막 듣기 시작한 리지(Lizzie) 002와 자기 고객 집의 진입로에서 잡초를 뽑아줄 정도로 일에 열성적이던 앤드류(Andrew) 002가 그들이었다. 두 사람은 별다른 고민 없이 합류했지만 사는 곳이 너무 멀어서 자주 함께할 수는 없었다. 그래서 꽃밭 만드는 일에는 전혀 경험이 없지만 가까이 사는 두 친구를 끌어들이고 싶었다. 이야기를 꺼낸 것은 내가 사는 아파트에서 거창하게 한 끼 대접하고 자리를 파할 무렵이었다. 모두들 제법 취한 상태여서 그랬는지 가볍게 꺼낸 이야기는 당장이라도 활동을 시작하자는 쪽으로 급하게 진전되었다. 쌀쌀한 가을밤이었지만 조(Joe) 004와 클라라(Clara) 005는 나와 함께 교통섬으로 가서 허브 모종을 심었다. 그것은 술 기운을 빌린 하룻밤 열정이 아니어서, 4년이 지난 지금도 두 사람은 정규 대원으로 활동하고 있다.

한밤중에 인적이 없는 곳에서 활동하는 경우가 아니라면 결국 행인들의 시선을 피할 수 없다. 지나가는 사람들을 두려워하지 말아야 한다. 누구나 게릴라 후보일 수 있어서이다. 일하는 모습을 사람들에게 보여주는 것도 게릴라 활동의 일부로 생각해야 한다. 대다수는 그냥 지나가거나 무슨 일이 벌어지는지 알아채지 못하고, 몇 사람만 조금 놀랄 것이다. 하지만 호기심 많은 사람들은 무슨 일인지 이야기를 나누고 싶어 할 것이다. 그런 경우 조심스럽고 소극적인 태도로(예를 들어 시청 직원인 척 한다거나) 대꾸를 하면 상대방의 이야기는 호사가의 참견 정도로 제한될 것이다. 어디서든 영향력을 미치고 싶어 하는 호사가들은 공무원으로 보이는 사람에게 접근하는 것을 꺼리지 않는다. 그리고 동네에서 자기가 모르는 일이 벌어지는 것을 보면 누구에게라도 캐묻는다. "누가 정원을 가꾸라고 하던가요?" "비용은 누가 대는 겁니까?" 등이 전형적인 질문이다. 그런 사람들에게는 사실대로 말해주는 것이 최선의 해결책이다. 그렇게 하면 그는 입소문을 낼 것이다. 어느 늦은 밤 우리 일행 세 사람이 국회의사당 근처에 해바라기(*Helianthus annuus*) 씨앗을 심었을 때 바로 얼마 전에 부총리직에서 물러난 존 프레스콧(John Prescott) 의원이 지나가는 것이 눈에 띄었다. 그는 조금 놀란 듯 했지만 아이팟을 빼고 게릴라 가드닝에 대한 우리 이야기에 귀를 기울였다. 그 뒤로 몇 달 동안 해바라기는 무성하게 자랐다. 참여하는 인원이 많으면 사람들의 관심도 커진다. 비디오카메라로 촬영도 하고 비스킷도 나누고 일을 멈추고 구경꾼들에게 눈을 돌리기도 하면 된다. 여분의 기구를 가져가서 구경꾼들에게 주고 무슨 일이든 해보도록 권한다. 이런 방법들은 게릴라 가드너들이 흔히 하는 행동은 아니지만 확실히 사람들의 이목을 끌 수 있다. 이렇게 하려면 게릴라 가드너는 훼방꾼에 대응하는 방법도 생각해두어야 한다.

처음 활동을 할 때는 지나가는 사람들과 대화를 하기가 어려울 것이다. 하지만 시간이 지나면 자연스럽게 그런 기회도 오고, 게릴라 가드너의 존재와 활동 동기도 더욱 사람들 눈에 띄게 된다. 여러 번 방문한 사람들은 따뜻한 차 한 잔을 주거나 자기 집 욕실을 쓰라고 제안하기도 한다. 차를 세우고 구경을 하다가 무슨 일을 하는지 듣고는 흙투성이 장갑에 돈을 찔러 넣고 가는 사람도 있었다. 처음에는 우리가 뭘 하기를 기대하는 걸까, 하는 복잡한 생각이 들었지만, 그건 거래가 아니었다. 그 사람들은 다만 꽃이 핀 길을 지나다니고 싶었을 뿐이다.

활동의 결과로 아름다운 꽃이 활짝 피어나거나 수확한 것을 친구들에게 나눠주게 되면 지지자를 얻기는 더욱 수월해진다. 사람들이 휴식할 수 있을 정도로 큰 게릴라 가든을 만들었다면 행인들을 초대한다. 그곳은 그들의 정원이기도 하기 때문이다. 게릴라 정원은 결코 개인 것이 아님을 확인시켜준다. 친구들과 함께 걷는 기회가 있으면 동네에 만든 화단을 보여준다. 출근길에 철길 둑에 던진 씨앗에서 핀 양귀비처럼 '비포 앤드 애프터'를 알게 해주는 것이다. 그런 산책은 친구들 마음속에 우리가 짐작하지 못하는 변화를 일으킬 수도 있다.

우리 어머니 008은 클레어(Clare) 이모를 데리고 플리머스에서 동네를 돌아다니면서 본인이 만든 게릴라 가든을 보여주었다. 그렇게 동네를 돌다가 우연히 그 도시에서 가장 중요한 인물, 바로 플리머스 시장과 마주쳤다. 결정적으로 중요한 대화를 나눌 기회가 온 것이었다. 성격이 도발적인 클레어 이모는 언니의 활동이 만들어낸 아름다운 전경과 그것의 불법적인 성격 사이의 부조화를 시장에게 문제 삼았다. "이 근처에서는 지금까지 내내 불법적인 일이 벌어졌어요. 게릴라 가드너들이 활동하고 있다는 건 아시나요?" 시장은 그런 사실을 알고 있는지 웃음을 지으며 말했다. "제가 보기에는 재미있는 일 같은데요?" 대화에서는 물론 상식이 승리했지만, 어머니는 공무원들의 간섭을 받는 일이 생겨도 걱정 없을 '시장의 후원'을 얻었다. 게릴라 가드너들은 이런 즉흥적이고 자연스러운 방법으로 싸움에서 이기고 지지를 얻어낸다.

낯선 자와 팸플릿을 친밀하게 만드는 법

신념이 확고한 게릴라라면 선전 대상을 동네 행인으로 제한해서는 안 된다. 사람이 많이 다니는 간선도로에서 멀리 떨어진 게릴라 가든도 많기 때문이다. 게릴라 활동이 꼭 사람들이 출퇴근하는 분주한 거리에서나 동네 술집에서 사람들이 몰려나오는 시간에 벌어지라는 법은 없다. 더 많은 사람들의 마음을 움직이려면 우리가 안 보여도 시청 직원들이 일을 한 것이라고 오해하지 않게 만들 방법을 찾아야 한다.

그러기 위해서 동원할 수 있는 기본적인 방법이 전단지다. 우리가 누구인지, 무슨 활동을 하는지 적은 전단지를 만드는 것이다. 그것을 주머니에 넣어 두었다가 호기심을 보이는 사람에게 나누어주어도 좋고, 훨씬 더 많은 사람들에게 전달하고 싶다면 한 사람에게 일거리로 주어 나이트클럽이나 할인 미용실 전단지를 돌리는 사람들과 같은 열성과 방법으로 전단지를 나누어주도록 하면 된다. 내용은 게릴라 가든의 위치를 알려주는 정도로 제한하는 것이 좋다. 또 모임에 참석해서 함께 활동하거나 지원하도록, 아니면 가끔 화단을 둘러보고 관리가 필요해보이면 대원들에게 알려주도록 부탁한다. 웹사이트 주소도 알려주고 구체적인 연락처를 넣는다. 전단지는 게릴라 활동에 관한 직설적인 선전이다. 따라서 되도록 내용을 단순하고 재미있게 꾸미도록 한다. 사람을 직접 만나서 대화를 나누면 끌어들일 가능성이 더 높지만, 더 많은 사람들에게 더 빨리 정보를 전달하는 방법은 전단지다.

토론토 공공용지 위원회(Toronto Public Space Committee)의 게릴라 가드너들은 아름답고 정보가 가득한 팸플릿을 만들어 게릴라 활동을 할 때 나누어주었다. 나는 연녹색 A4 종이에 출력을 해서 공중전화 부스, 버스정류장, 쓰레기통 등 길거리 구조물에 붙였다. 이런 전단지는 약해서 꽃처럼 오래 버티지는 못하지만 얼마 동안은 우리가 하고자 하는 이야기를 전달하는 도구가 된다. 동네 가게나 술집에 붙여도 괜찮은지 물어본다. 업소들 가운데 일부는 동

| 게릴라 가드닝 활동을 알리는 포스터

네 환경을 개선하려는 운동에 참여하는 인상을 주기 때문에 기꺼이 동의한다. 그런 기회를 틈타 게릴라 가드너의 활동을 소개하면 업소 주인들이 입소문을 내는 효과가 있다.

또 한 가지 선전 방법은 주민들에게 편지를 보내는 것이다. 지리적으로 특정한 건물에 속한 것처럼 보이는 장소에 정원이 있으면 그 건물 사람들은 그 땅이 자기들에게 속한 것이나 다름없다고 생각한다. 그런 경우 편지는 알맞은 방법이다. 런던에서 우리 일행 다섯 명은 찰스 앨런 하우스(Charles Allen House)라는 아파트 앞 식목상자에 식물을 심었다. 우리 가운데는 그 건물에 사는 사람이 없었고 활동 첫날에는 수줍어하는 거주자 한 명 말고는 아무도 만나지 못했다. 그래서 다음에 갔을 때 나는 건물 담장에 시클라멘(*Cyclamen hederifolium*)과 스위트피(*Lathyrus odoratus*)를 심었음을 알리는 편지 스무 통을 아파트 로비에 남겨두었다. 편지에는 가끔 물을 주고 잡초를 뽑아달라는 부탁도 들어 있었다. 편지는 효과가 있었다. 몇 주 뒤 가보니 꽃은 무성하게 자랐고, 거주자 몇 사람이 감사의 표시로 아이스크림을 주면서 아파트 둘레 다른 곳을 아름답게 바꾸어놓을 방법을 물었다.

좀 더 적극적인 방법도 있다. 천천히 읽어야 할 자료를 나누어 주는 것이다. 지금 읽는 이 책도 선전물이다. 체 게바라와 모택동은 게릴라 이야기를 책으로 썼지만, 게릴라 가드닝 초기의 선구자들은 팸플릿을 많이 남겼다. 자신이 게릴라 가드닝을 시작하기 전인 1648년 제라드 윈스탠리는 다섯 가지 팸플릿을 만들었다. 가난하고 굶주린 사람들을 위해 놀고 있는 땅을 경작하고 싶다는 내용이었다.

윈스탠리의 실험은 우리에게 현실적으로 유용한 교훈을 준다. 내용을 쓸 때는 흥분하면 안 된다는 것, 그리고 게릴라 가든 자체가 선전이라는 사실을 잊어야 한다는 것이다. 세인트조지스힐(St George's Hill)을 채소밭으로 개조하는 데 매진해야 할 시간에 윈스탠리는 팸플릿을 쓰고 있었다. 그에게 합류해주기를 기대했던 17세기 영국의 대중은 아직 문맹이었다. 더욱 안타까운 문제는 그가 거슬리는 문체로 글을 썼다는 사실이다. 권력기관들을 두렵게 한 것은 게릴라 가드닝이 아니라 그의 원대한 포부가 초래할 영향이었다. 결국 그들의 억압으로 인해 윈스탠리의 노력은 18개월 만에 수포로 돌아가고 말았다. 영감을 불어넣는 훌륭한 문서를 유산으로 남겼지만 아무것도 이루지 못하고 물러난 것이다. 선전이 게릴라 가드닝을 압도하지 않도록 주의해야 한다. 건강하게 자라는 식물보다 말이 더 큰 영향을 미칠 수도 있기 때문이다. 다음과 같은 원칙들을 명심하자.

- 불평불만이나 원하는 것을 부풀려서 포장하기보다는 원예를 위한 싸움에 초점을 맞춘다.
- 게릴라 활동의 장기적 영향력은 장황하게 늘어놓지 말고 그 핵심만 간단히 적는다. 혁명을 시작했다는 감격을 행정기관에 알릴 필요는 없다.
- 메시지가 땅 주인이나 법조인들뿐 아니라 게릴라 가드닝을 도울 사람들에게도 전달되도록 한다.

표지판은 광고판이다

게릴라 가든에 말뚝을 박고 우리가 만들었다는 표시를 하고 싶은 욕구는 달에 착륙한 올드린(Aldrin)과 암스트롱(Amstrong)이 미국 국기를 꽂는 것과 그 동기가 같다. 그렇게 표시를 하면서 말하고 싶은 것은 "내가 여기 와서 이것을 만들었다"거나 아니면 "이건 내 소유다"라는 것이다. 정원이 너무나 멋있게 보여서 자부심이 하늘을 찌른다. 그런 대원들은 주인공을 표시하기를 원할 뿐 아니라 누가 만들었는지 알면 행인들이 정원의 가치를 더욱 인정해 줄 것이라고 생각한다. 게릴라 가든은 개인이 소유한 정원도 아니고 세금을 쓰는 시청의 식목 시설도 아니다. 그래서 함께 물을 주고 쓰레기도 치워주도록 권해야 한다. 달리 말하면 그 공간을 함께 나누자는 것이다. 표지판은 그런 소망에 대한 확실한 해답이다. 공공장소에서 익숙하게 만나는 것들이 표지판이다. 그렇지만 표지판을 만들기 전에 몇 가지 고려해야 할 문제가 있다.

내가 처음 붙인 표지판은 일반 정원사들이 붙이는 것과 비슷했다. '게릴라들이 만든 정원임'이라는 문구를 쓴 막대를 세운 것이다. 그런데 그 표지판은 거의 눈에 띄지 않는데다 쉽게 뽑을 수 있는 위치에 있었다. 토론토의 켄싱턴(Kensington) 지역에 사는 에린(Erin) 158과 동료들은 T자로 된 표지판에 메시지와 그림을 붙여서 행인들에게 물을 주도록 권하고 게릴라 가드너들이 만든 정원임을 알렸다. 메시지는 몇 개 안 되는 단어로 되어 있어 아주 쉽게 이해할 수 있다. 베를린의 율리아 013도 비슷한 문구와 자신의

| 시민들에게 물을 주도록 독려하는 작은 피켓(캐나다 토론토)

웹사이트 주소를 나무판에 써서 매달았다. 게릴라 가드너들이 유쾌한 메시지를 넣어 직접 정성스럽게 만드는 이런 표지판은 상업 광고판 공해를 조금이나마 상쇄하는 매력적인 해독제가 된다. 하지만 이런 표지판은 비바람에 약하고 아름다운 한해살이 꽃처럼 철마다 새로 만들어야 한다.

스텐실 인쇄처럼 본을 떠서 스프레이를 뿌려 만든 표지판은 더 선명하고 더 오래간다. 하지만 그렇게 만든 표지판은 환경미화원들이 지울 수 있다. 유명한 익명의 그라피티 예술가 뱅크시(Banksy)가 유럽 여러 도시에 남기는 작품들도 순식간에 지워지는 판이다. 유성 스프레이보다 좀 더 친환경적인 방법은 '클린 그라피티'라는 것이다. 본을 떠서 벽에 대고 샌드블라스트, 제트스프레이 같은 도구를 이용하거나 구둣솔로 강하게 문지르는 방법으로 도시의 때를 긁어내면 밝고 신선한 그림이나 글자가 나온다. 부분적인 청소작업이라고 해도 좋을 일이다. 영국 리즈(Leeds)에서는 게릴라 가드너는 아니지만 무어(Moor)라는 그라피티 예술가가 이 작업을 하고 있었는데, 지역 행정기관은 어이없게도 그에게 그라피티를 제거하라고 명령했다.

'이끼 그라피티'는 친환경 느낌이 나는 또 하나의 멋진 대안이다. 밴쿠버의 앤드리아(Andrea) 738(HeavyPetal.ca의 블로그 참조)이 아는 이끼 그라피티 방법은 이렇다. 크림밀크 두 컵, 맥주나 물 한 컵, 이끼 한 줌을 밀크셰이크처럼 섞는다. 그런 뒤 이끼가 자라게 하고 싶은 돌에 바르고 수분을 충분히 주면서 기다리면 된다. 꽃을 심어서 메시지를 쓰는 방법도 있다. 앤드류 1679는 런던 해크니에 게릴라 가드닝을 뜻하는 약자 'GG' 모양으로 한련(*Tropaeolum majus*)을 심었다.

우리는 통 큰 후원자들에게서 더 잘 보이고 지워지지 않는 표지판을 만들어주겠다는 제안을 받기도 했다. 그 가운데는 역사적인 인물이 살던 건물에 붙이는 파란 명판처럼 우리 로고가 새겨진 커다랗고 둥근 녹색 판을 만들어주겠다는 사람도 있었다. 우리는 제안을 받아들이지 않았다. 그런 것은 소박한 화단과 길가 정원에 달기에는 너무 거창하고 상업 광고판 냄새가 날 것이다. 게릴라 가드닝은 광고판을 다는 대신 꽃을 심어 시각적으로 환경을 아름답게 만드는 일이다. 그런 광고판이라면 이미 도시마다 차고 넘친다.

행정기관이 기업들에게 공공정원 조성기금을 내게 하고 그 대신 광고 공간을 만들어 준 곳들을 보면 표지판이란 게 얼마나 흉해질 수 있는지 알게 된다. 꽃 사이에(아니면 제대로 관리 안 한 풀밭에) 세운 안내판에는 저급한 말장난이나 맛없는 식당을 연상시키는 문구가 계절이 바뀔 때마다 새로 써진다. 내가 본 최악의 것은 40번 국도 나들목에 있는 침대 광고판이었다. 나무와 덤불을 네 개의 거대한 화단에 심어 더블베드 모양을 만들고 거기다 '꿈의 로터리 - 꿈으로 만든 침대'라는 문구를 붙여놓은 것이다. 그것을 보고도 웃지 않는 사람도 있을 것이다(나는 보자마자 웃음이 터졌다). 물론 그런 문구가 없었다면 시간이 지나면서 전경은 조금씩 재미있어졌을 것이다.

커뮤니티 가든을 만들었다면 영구적인 표지판을 매다는 것이 가장 좋다. 그렇게 하면 그 장소가 다른 평범한 시유지와는 다른 곳임을 잘 표시할 수 있고, 개장 시간, 사용 규칙, 커뮤니티 가든 활동가가 되는 방법 등 정보를 전할 수도 있다. 리즈 크리스티 가든 표지판에는 정원의 간략한 역사도 적혀 있다. 클린턴 커뮤니티 가든의 표지판에는 행인들을 향한 인사말이 영어, 스페인어, 아라비아어로 적혀 있다. 다른 곳에서는 기금을 마련한 단체들을 적고 모금상자 위치, 기구 창고, 토종식물표 등을 새기기도 한다.

오래된 커뮤니티 가든에서는 술집이나 체육관, 교회 등 다른 공동체 공간처럼 표지판이 그 장소의 정신을 나타내는 상징이 된다. 합법적으로 활동하게 된 게릴라 가드너들에게 표지판은 합법화를 말해주는 가장 분명한 표시다. 마거릿 2878이 교회 묘지의 담장에 만든 정원에는 2007년도 영국지역정원대회에서 받은 우수상 상패가 붙어 있다. 2002년부터 뉴욕의 모든 커뮤니티 가든에는 크고 둥근 녹색 플라스틱 표지판이 붙어 있다. 각 표지판에는 뉴욕시청 공원휴식국을 상징하는 단풍잎이 새겨져 있는데, 공유지에 만들어지고 공적으로 보호받는 공간임을 알리는 것이다.

행사와 연대하라

길거리 공연 같은 행사를 통한 선전 이외에 사람들의 마음과 관심을 얻기 위해 생각해볼 두 가지 행사가 있다.

첫째는 예비 훈련이다. 이 행사는 대원들을 융합시키고 목표를 확정하고 전술을 논의하고 예정된 작업을 할 수 없는 대원이 누구인지 확인하는 기회가 된다. 이런 훈련은 게릴라 가든에서 떨어진 곳에서도 실시할 수 있다. 밴쿠버의 오렌(Oren) 2359는 새로 조직한 그룹을 위해 몇 차례의 훈련을 마련했다. 이 훈련에서 신참들은 5달러를 내고 그 대신 안내서와 음식을 받았다. 안내판에는 훈련에 참가하는 사람들 명단이 적혀 있는데, '토양의 기초 성분과 그 기능 - 박테리아, 곰팡이, 탄소와 질소의 함량비'라는 진지한 제목이 붙은 훈련이었다. 캘리포니아 샌디에이고(San Diego)에 사는 애바(Ava) 949는 친구들을 씨앗 폭탄 만들기에 초대했다. 나는 대원 여섯 명을 아파트로 초대해서 크리스마스트리를 장식하는 행사를 열었다. 말린 오렌지 슬라이스를 꿰어달고 민스파이(간 고기를 넣은 파이로 영국의 크리스마스 음식)를 먹으며 저녁을 보냈다.

선전 효과가 아주 강력한 또 한 가지 행사는 가든파티다. 길가에 작게 만든 정원에서는 하기 힘들고 편하지도 않겠지만, 정원 가까운 곳에서 바비큐 정도는 할 수 있을 것이다. 아름다운 환경에서 좋은 음식을 먹는 것은 고마운 일이다. 그러니 가까이 또는 멀리 사는 게릴라 가드너 후보들을 되도록 많이 초대한다.

커뮤니티 가든에는 바비큐를 비롯해서 사교활동 설비가 있는 곳이 많다. 베를린의 '분홍장미정원' 게릴라 가드너들은 옆에 있는 건물 벽에 흰색 페인트를 넓게 칠해서 스크린을 만들어 공동체 영화상영 행사를 한다. 파리 '연대정원'의 게릴라 가드너들은 폭죽, 식사, 영화로 파티를 꾸몄다. 뉴욕의 로워이스트사이드(Lower East Side)에 사는 크리스털(Crystal) 965는 커뮤니티 가든에서 공연하도록 뉴욕 커뮤니티 가든의 탄생을 소재로 뮤지컬을 썼다. 뉴욕

이스트빌리지(East Village) '6번가 B' 정원의 포스터에는 요가강습과 블루스 재즈 밴드 연주에서 9·11 테러에 관한 독서회와 독일 적군파 바더마인호프그룹을 다룬 영화 상영까지 다양한 행사가 안내되어 있었다. 그리고 놀랍게도 이 모든 것이 불과 한 달 동안 열리는 행사였다.

반드시 자신이 활동하는 정원에서 행사를 열어야 하는 것도 아니다. 뉴욕의 엘런(Ellen) 686은 게릴라 가드너를 모집하기 위해 사람들과 함께 자전거를 타고 철거 위험에 놓인 게릴라 가든 몇 군데를 방문하는 행사를 마련했다. 샌프란시스코의 브라이언(Brian) 1525도 게릴라 가드닝 후원자들을 이끌고 자전거로 여기저기 게릴라 가든을 방문했다.

홍보효과 뛰어난 경쟁 혹은 경연

경쟁은 무엇이든 홍보효과가 있다. 꽃밭 만드는 일도 경연을 통해 유도할 수 있다. 어느 꽃밭이 가장 아름답고, 어느 텃밭의 채소가 가장 크고, 누구의 씨앗 폭탄 디자인이 가장 훌륭한가? 이런 경쟁은 사람들을 자극하고 흥미로운 뉴스거리도 만들고 합법화를 돕는 효과가 있어서 꽃밭을 보호하는 방법이 되기도 한다. 게릴라 가드닝을 시작한 이듬해 리즈 크리스티와 그린 게릴라는 '멀리 파니스 동네 환경미화상'을 수상했다(멀리 파니스 Mollie Parnis 는 뉴욕의 의상 디자이너).

도널드(Donald) 277의 말에 따르면, 뉴욕 이스트빌리지의 커뮤니티 가든들은 아직도 종종 경연대회를 연다고 한다. 아마도 게릴라 가드닝의 성숙과 안정을 보여주는 증거일 것이다. 행정기관이나 개발업자들 때문에 겪는 갈등이 약해짐에 따라 활동을 그만둔 게릴라들이 다른 방식으로 투쟁의 흥분을 느끼려는 것일지 모른다. 베를린에서 독일환경자연보호연맹이 가로수보호시설에 대한 게릴라 가드닝을 합법화하고 경연대회를 열자, 게릴라 가드닝의 열기가 폭발했다. 그 결과 게릴라 가드너마다 한두 그루를 맡아서 경쟁을 벌이는 바람에 거리는 화려한 꽃으로 뒤덮였다.

나는 두 번 경연에 참가했다. 늘 하던 작업 이상이 필요하지 않으면서도 재미있는 경험이었다. 게릴라 가든의 합법화를 위해 처음 머뭇거리며 한 일이 시에서 주최하는 경연대회에 참가하는 것이었다. 서더크 시의 녹화 프로젝트(Greening Southwark)는 개인 꽃밭, 학교, 병원, 상점을 대상으로 상을 주고 있었다. 나의 게릴라 가든은 그런 범주에 속하지 않았지만 경쟁 정신을 바탕으로 만들었으므로 상관없다고 생각했다. 응모 서류만 써서 내면 내가 할 일은 끝나고, 평가자가 비밀리에 정원을 돌아보고 수상 여부를 결정하는 방식이었다.

'나의' 꽃밭은 사실은 '그들의' 꽃밭, '그들'의 관할이었고 더구나 내가 사는 6층에서 20미터쯤 아래쪽에 있었지만, '앞마당 꽃밭' 부문에 응모했다. 나는 주최 측에서 그런 사정을 알아차릴 거라고 확신했다. 그래도 경쟁적인 원예 작업을 해온 게릴라 가드너임을 밝히면 주최 측도 나의 활동을 긍정적으로 받아들일 것이라고 생각했다. 평가자가 왔다간 뒤 나는 수상식에 와달라는 초

청장을 받았다. 거기에는 나의 응모자격에 대해서는 한 마디도 없었다.

주최 측의 반응을 보고 나는 마음이 복잡했다. 그들은 게릴라 가든이 나의 개인 꽃밭이라고 생각한 것일까? 평가 과정이 너무나 엉성해서 그런 사정을 놓치고 지나간 걸까? 이유야 어떻든 '페로넷 하우스 39호 앞마당 꽃밭'에 대한 수상 증서를 받았다. 나중에 시청이 귀찮게 나올 때 '무죄증명'으로 쓰리라고 마음먹은 물건이었다.

또 하나의 경연대회에는 게릴라 가드너임을 완전히 밝히고 참가했다. 영국에서 가장 큰 자원봉사와 교육 단체인 CSV로부터 자신들이 주최하는 연례행사 '꽃밭으로 세상을 바꾸자'에 참여하라는 권고를 받았다. 그해 초 그 단체에서 전무로 일하는 데임 엘리자베스(Dame Elizabeth) 064를 만났는데, 그녀는 눈을 빛내며 우리가 하는 일에 열렬한 지지를 표시했다. 2006년 10월 어느 쌀쌀한 저녁에 우리 일행 11명은 팀(Tim) 035의 지휘 아래 런던 남부 뉴크로스(New Cross) 지역에 있는 식목용기를 완전히 바꾸어 놓았다. 같은 시각 전국에서는 여러 종류의 자원봉사활동이 벌어지고 있었다. 그런 모든 활동이 평가를 받은 뒤 운이 좋은 팀들은 샴페인이 나오는 요란한 식사에 초대되어 상금을 받는 것이었다.

몇 주 뒤 팀과 나를 그 행사에 초대하는 축하편지가 왔다. 편지에는 우리가 '획기적인 성취상'을 받는다고 되어 있었다(이 상은 '땅을 파는 일 breaking ground'과는 상관이 없지만 '획기적인 ground breaking 성취상'이라는 이름은 어쩐지 적절하다는 생각이 들었다). 나는 런던 중

| 게릴라 가드닝을 합법화하고 경연대회를 열자 거리가 화려한 꽃으로 뒤덮였다(베를린)

심부의 으리으리한 플래스터러스홀(Plaisterer's Hall)에서 열린 파티에 참석했다. 아쉽게도 여기서도 게릴라 가드닝은 최고상을 놓쳤다. 최고상은 고반(Govan) 공원에서 개똥을 치운 스코틀랜드 사람 100명에게 돌아갔다.

스스로 만들어도 좋고 다른 사람들이 만든 것에 참여해도 좋으니 경연대회에 뛰어들어볼 것을 권한다. 나는 두 번의 경연에서 지고 말았지만 참여하는 모든 사람이 승리자임을 알기 때문에 실망하지 않았다.

미디어는 멀고도 가깝다

게릴라 가드너를 위해 가장 강력한 선전 수단이 되는 것은 미디어다. 야망이 큰 게릴라 가드너라면 모든 종류의 미디어를 써먹는 법을 배워야 한다.

먼저 온라인으로 자체적인 미디어를 만들 필요가 있다. 그곳에 가상의 정원을 만들고 지금까지의 작업 사진이나 짧은 영상물들을 올리고 앞으로 있을 행사를 안내한다. 그리고 작업 목표를 정리해서 보여주고 연락처를 알린다. 그렇게 만든 가상 정원은 온 세상 사람들의 방문을 받을 것이다. 결국 그것은 또 하나의 공공장소가 되는데, 현실의 공공장소보다 더 접근하기 쉽고 일 년 내내 아름다운 꽃들로 가득한 곳이다. 최근에는 개인 블로그, 포토다이어리, 예술 프로젝트, 커뮤니티 등의 형태로 전 세계에 게릴라 가드닝 관련 웹사이트가 만들어졌다(최신 링크는

GuerrillaGardening.org에 있다). 데이비드 2384는 랭커셔(Lancashire) 지방의 농촌마을 스탠디시(Standish)에서 지지자를 얻기 위해 화려한 웹사이트를 만들었다(GuerrillaGardeners.wn6.co.uk). 스코트(Scott) 3321은 2008년 남부 캘리포니아의 게릴라 가드너들을 위해 SoCalGuerrillaGardening.org라는 웹사이트를 만들었다. 율리아 013은 사는 지역을 넘어 훨씬 멀리까지 메시지를 전하기 위해 웹사이트를 만들었다. 그래서 그녀의 웹사이트(GrueneWelle.org)는 독일어, 영어, 스페인어 세 가지 언어로 서비스된다.

웹사이트를 방문하는 사람들을 대체로 게릴라 가드닝에 호의적일 것이다. 다른 웹사이트나 친구를 통해서 듣고 찾아오거나 스스로 웹사이트를 찾아낼 만큼 이미 관심이 있기 때문이다.

방송 미디어가 게릴라 가든을 찾아온다면 그 계기는 웹사이트일 것이다. 뉴스 담당자에게 게릴라 가든은 흔하지 않은 긍정적인 소식이다. 패션잡지, 부동산 신문, 심지어 자동차 잡지들도 게릴라 가든에 관심을 보였다. 그런 잡지에 딱 맞는 대상이고 따라서 기사도 긍정적이었다. 정원 관련 잡지도 관심을 보인다. 2004년 내가 개설한 웹사이트(GuerrillaGardening.org)는 전 세계를 아우르는 내용과 지역별 게시판 덕에 세계 게릴라 가드너들의 필수 참고 사이트가 되었다.

미디어를 불러들이는 데는 시간이 많이 들지 않는다. 게릴라 가든에 포도가 자란다거나 하는 이야기가 귀에 들어가면 미디어 관계자가 올 가능성이 크다. 아니면 직접 연락을 하면 된다. 지역 신문들은 게릴라 가든 이야기의 씨를 뿌리기에 적당한 미디어다.

독자들과 직접 관계가 있는 일이기 때문이다. 뉴욕의 도널드 277 은 이미 35년 전부터 미디어의 도움을 받으며 게릴라 가드닝을 하고 있다. 그렇게 오랜 세월 동안 취재를 거절한 적이 있는지를 물었더니 고개를 강하게 가로저으며 말했다. "언론의 취재 요청에는 무조건 응해야 해요. 손해 볼 일은 절대로 없거든요."

실제로는 딱 한 번 말썽이 생겼지만 기사화되지는 않았다고 한다. 어느 패션잡지의 포토그래퍼 일행을 리즈 크리스티 커뮤니티 가든에 들어오도록 했다. "여자 모델을 데리고 들어왔는데 갑자기 드레스 윗부분을 벗기는 겁니다." 그는 서둘러 게릴라 가든 사진이 게릴라 포르노로 바뀌는 것을 막았다. "이곳에서 패션 사진을 찍는 건 상관없어요. 하지만 정원에서 누가 웃옷을 벗고 있다면 이야기가 달라집니다."

자신을 게릴라 가드너로 여긴다고 해서 늘 숨어 다녀야 하는 것은 아니다. 미디어를 잘 이용하면 미디어는 게릴라 가드너들의 대변인이 되어준다. 게릴라 가드너들 가운데는 미디어를 경멸하는 사람들이 있다. 그들은 미디어가 사실을 조작하고 착취하여 사회를 엉뚱한 방향으로 끌고 간다고 생각해서 취재요청에 응하지 않는다. 그러나 그것은 분명 시야가 좁은 태도다. 제국주의를 증오한 급진 공산주의자 체 게바라까지도 미국 TV에 출연했다. 정글에 숨어 활동하는 게릴라로서가 아니라 CBS의 토론 프로그램('Face the Nation')에 유엔본부 주재 쿠바 대사로 나온 것이다.

저널리스트가 전화를 하면 최대한 있는 그대로 대답하도록 한다. 미디어를 대할 때는 미디어가 만드는 스테레오타입에 지나치게 호응하지 않는 것이 중요하다. 불법으로 뭔가를 하는 사람, 더구나 그런 일을 밤에 하는 사람은 자격지심이 있어서 그 일에 대해서는 이야기를 하지 않으려는 경향이 있다. 유별난 사람 정도면 다행이고 심한 경우에는 폐쇄적인 사람으로 보이기 쉽다. 반대로 사람들을 상대하는 일을 많이 하는 사람은 제대로 된 이야기도, 설득력 있는 선전도 만들어내지 못하는 따분한 사람이라는 소리를 듣는다. 저널리스트는 우리가 순진하고 별난 멍청이라는 편견을 가지고 있어서 그런 왜곡된 모습을 강조하려 한다. 이때 우리가 해야 할 일은 게릴라 가드너들이 어떤 사람들인지를 전달하는 것이다. 보통의 열성적인 정원사와 마찬가지로 공공용지를 가꾸는 데 열성인 사람, 자신의 활동에 끼어든 불법성을 우리가 사는 이 세상에 존재하게 마련인 모순의 한 부분이라고 생각하는 사람임을 알리는 것이다.

게릴라 가드너들은 직업도 가지가지인 온갖 종류의 사람들이 모인 집단임을 강조한다. 채소 가꾸기, 토종식물 심기, 동네 아이들을 위해 더 큰 공동체 꽃밭 만들기 등 자신이 관심 있는 부분을 중점적으로 이야기한다. 그러면서 게릴라 가드닝이 폭넓게 알려진 활동이라는 사실을 상기시킨다. 게릴라 가드닝이 정상을 벗어나지 않는 활동임을 알게 해서 우리의 평판도 지키고 게릴라 가드닝에 대해 처음 듣는 사람들을 더 잘 설득하기 위한 것이다.

저널리스트를 만날 때는 사진 찍을 사람을 대동해달라고 부탁한다. 아름다운 정원 모습을 공유하기 위해서다. 라디오 인터뷰를 하는 경우에는 청취자들에게 게릴라 가드닝 웹사이트에 접속해서 특정한 사진을 보도록 알려준다. 저널리스트를 게릴라 가드닝 현장으로 데려가는 것도 효과적이다. 나와 단 하루 저녁 함께 화단 일을 한 저널리스트들은 우리 활동이 말하려는 것을 이해하게 되었노라고 했다. 그렇게 하면 결과는 언제나 찬사로 가득한 기사가 되어 돌아온다. 다음번 활동 일정이 어떻게 되는지 알려주고 그때 현장에 와보라고 초대한다. 우리가 행동하는 게릴라 가드너들임을 보여준다. 하고 싶은 말이 무엇이었는지 꼭 기억해서 그 말이 나오도록 대화를 유도한다. 그들을 끌어들여 공범이 되게 하면 좋다. 〈사우스 차이나 모닝포스트〉 신문의 케빈 363가 대표적인 모범사례다. 모두들 돌아가고 난 뒤에도 그는 우리와 함께 몇 시간이나 화단에서 흙일을 했다.

저널리스트가 행정기관에 전화를 걸어 자기들이 본 것에 대해 의견을 물을 수도 있다. 그래도 상관없다. 행정기관에 있는 사람들은 게릴라 가드닝처럼 다루기 곤란한 문제에 대해서는 별로 답할 말이 없기 때문이다. 미디어가 개입된 일이면 무엇이든 게릴라 가드너와 정원에 도움이 된다. 기사를 내기 전에도 그들은 부지런히 입소문을 퍼뜨리며, 그 덕에 사람들이 게릴라 가드닝의 대의명분을 알게 되고 인지도가 높아지면 권력기관들이 시비를 걸어올 때 방어막이 된다. 정원의 변화를 사진으로 기록한다. '비포 앤드 애프터' 사진은 지지자를 얻는 좋은 수단이다.

미디어는 게릴라 가드닝에 대한 지지, 정원의 규모, 지역 주민들의 긍정적 반응 등을 과장해서 보도하는 경향이 있다. 나의 데이터베이스에 올라 있는 수천 명의 사람들은 미디어 보도에서 적극적인 게릴라 가드너로 둔갑했다. 그런 과장은 겉으로 보기에는 문제가 없다. 우리가 이룩한 성취에 찬사를 던지는 그런 과장 보도 덕분에 우리 활동은 정상적인 것으로 여겨지게 되고 게릴라 활동을 하려는 사람들에게 우리의 투쟁이 덜 두렵고 덜 이상한 활동이라는 인상을 남긴다. 하지만 미디어의 과장 보도가 방해가 될 때도 있다. 미디어가 만들어내는 신화는 활동의 현실을 가려서, 만족시키기 어려운 것을 기대하게 만든다. 인지도가 높아지면 대원들은 리더십과 조언을 갈망하게 되고 지지자들은 지시를 기다리게 된다. 그 많은 사람들과 무엇을 해야 할지 알아내려면 e-메일의 받은 편지함을 수없이 들락거려야 할 것이다. 그런 일은 드물지만 아주 없지 않다. 우리가 만든 스트래트포드(Stratford)의 작은 화단에 지원자가 50명이나 몰린 적이 있다. 결국 그들 모두에게 줄 일거리가 없어서 대혼란이 일어나고 말았다. 미디어는 게릴라 가드너의 능력도 과장할 수 있다. 그래서 병충해에 시달리는 지역 주민들로부터 조언을 구하는 전화가 빗발치는 소동도 일어난다.

게릴라는 전설적인 인물이 될 위험이 있다. 체 게바라를 둘러싼 이야기는 우리가 역사에서 배우는 교훈이다. 그의 명성은 대부분 그가 한 게릴라 활동이 아니라 사진의 대가 알베르토 코르다(Alberto Korda)가 찍은 상징적인 사진 한 장을 바탕으로 만들어졌다. 실제로 체 게바라는 1959년 쿠바에서 피델 카스트로를 도와 혁명을 일으킨 것을 빼면 실패한 게릴라였다. 그럼에도 오늘날 세상은 그를 혁명을 위해 싸우는 게릴라 정신의 화신으로 추앙한다.

미디어는 자신이 믿고 싶은 사람의 이미지를 만들어 대중에게 전달했지만 그가 품은 뜻을 함께 전하는 데는 실패한 것이다. '꽃밭의 영웅'인 게릴라 가드너들에게도 같은 일이 벌어질 수 있다. 미디어와 우리의 평판을 주의 깊게 지켜보지 않으면 선전이 우리의 성취를 가리고 말 것이다.

녹색 희망을 함께하라

건강한 정원은 꽃을 피우고 씨앗을 만들고 열매와 채소를 내는 생산력 있는 공간이다. 정원은 세상을 향해 알아봐달라고 소리친다. 그리고 알아봐주는 대가로 뭔가를 내놓는다. 꽃의 달콤한 즙, 만족스러운 씨앗, 즙 많은 과육은 정원이 새와 벌을 유혹해서 번식을 돕도록 하는 수단이다. 영리한 게릴라 가드너는 자신이 가꾸는 식물을 도와주고 그 대가로 받은 수확물을 팔거나 다른 물건과 바꾼다. 그렇게 해서 다시 새로운 식물이나 재료에 투자할 수 있게 된다. 크리스토퍼 1594는 온라인으로 권총처럼 생긴 씨앗 폭탄을 개당 75달러(ThreeMiles.com)에 판매한다. 런던에서 우리는 라벤더 200 그루에서 나오는 꽃을 말려서 손으로 만든 베개에 채워 팔아서 기금을 마련했다. 율리아 013은 베를린에서 열린 게릴라 가드너 파티에서 비름 씨앗을 경매에 붙였다. 게릴라 가든에서는 생산에 드는 비용이 아주 적기 때문에 수익이 발생할 가능성이 있다(우선 땅값이 싸다).

더 중요한 것은 생산품을 팔면 정원이 성공했다는 소문도 함께

| 라벤더 씨앗 건조장이 되어버린 나의 거실

팔려나간다. 게릴라 가드너가 뭔가를 심었다는 사실뿐 아니라 수확까지 했다는 사실을 말해주는 증거가 된다. 수확물을 팔면 게릴라 가드닝의 메시지를 더 많은 지지자들에게 전할 수 있다. 그 수확물이 정원 일에 별로 관심이 없는 사람들과 게릴라 가드너를 이어주기 때문이다. 갈색 봉지 가득 수확물을 받아든 사람들은 그것을 키워낸 게릴라 가드너의 수고와 버려진 땅이 생산력 있는 땅으로 바뀐 기적을 연관 짓는다. 그 둘의 관계를 제대로 알게 된 사람들은 그 이야기를 널리 퍼뜨릴 것이다.

게릴라 가든에 무엇을 심으면 선전에 도움이 되는 수확물이 나올지 생각해야 한다. 게릴라 가드닝에서 나오는 생산품을 팔기로 하면 기르기 쉽고 다 소비할 수 없을 정도로 수확이 많은 종류를 심게 된다. 여름 끝자락에 한련(*Tropaeolum majus*)에서 떨어지는 완두콩 크기의 씨앗을 모으거나 까맣고 먼지처럼 고운 개양귀비(*Papaver rhoeas*) 씨앗을 봉투에 털어 넣는 것으로 시작해보자. 채퍼(Chapper) 046은 영국 콘월(Cornwall)에서 야생화 씨앗을 팔고, '브뤼셀의 농부들'이라는 그룹의 게릴라 가드너들은 독자 상표를 붙인 봉투에 해바라기(*Helianthus annuus*) 씨앗을 담아 판다.

선전 효과를 얻는 또 다른 방법은 기업의 상품 판매를 지지하는 방법으로 그들의 광고 투자에 편승하는 것이다. "그건 원칙을 버리는 일이다!" 하고 외치는 소리가 들린다. 나도 동의한다. 게릴라 가드너의 소망을 다른 사람의 상업적 목적에 연결하는 것은 극단적인 고위험 전략이다. 우리는 브뤼셀의 게릴라 가드너들이 겪은 일에서 교훈을 얻을 수 있다. 그들은 소형 시티카를 출시하는 자동차 회사와 협력하기로 했는데 그것은 현명한 아이디어가 아니었다. 맥주를 마시면서 지라솔은 나에게 그때의 실패담을 들려주었다.

자동차 브랜드 마크(Marque)의 광고대행사는 '유럽의 도시 영웅들'이라는 콘셉트에 맞는 것을 찾기 위해 인터넷을 뒤지다가 브뤼셀의 게릴라 가드너들을 알게 되었다. 광고대행사는 게릴라 가드너들에 관한 짧은 영상물을 만들어 자동차회사의 프로필과 함께 신차의 웹사이트에 올리자고 제안했다. 그 대가로 게릴라 가드너의 웹사이트를 웹링크에 포함시키고 게릴라 가드너 선언의 요점을 공개하고 영상물에서 해바라기 씨앗을 나누어주는 모습을 담겠다고 했다. 마음이 불편해진 지라솔 829는 그 시점에서 협상에서 빠졌지만 동료들은 멈추지 않았다.

일이 갑자기 틀어지기 시작했다. 영상물 제작자는 해바라기 씨앗을 심은 뒤의 모습을 보여주자고 했는데, 봄철 하루에 그런 전경을 찍기는 어려운 일이었다. 그러자 플라스틱 해바라기를 쓰자고 하면서, 기술이 좋아져서 진짜와 전혀 구별되지 않을 것이라고 게릴라 가드너들을 안심시켰다. 어리석게도 게릴라 가드너들은 그 제안에 동의했다. 몇 주 뒤 신차 웹사이트가 개설되자 플라스틱 꽃은 웃음거리가 되었다. 그뿐 아니라 영상물 어디에도 양자가 합의한 포인트들은 보이지 않았다. 회사는 게릴라 가드너 웹사이트의 방문객이 백만 명 이상 늘 것이라고 약속했지만 전혀 효과가 없었다. 그들이 불만을 표시하자 2주 뒤 자동차회사는 링크 하나를 더 걸어주었다. 하지만 그 링크는 너무나 작고 또 시기적으로도 너무 늦은 것이었다. 게릴라 가드너들은 그 선전 활동에서 아무것도 얻지 못했다. 그 대신 좋은 뜻과 신뢰만 잃었다는 이야기를 들었다.

게릴라 가드닝에 대한 관심이 커짐에 따라 이 운동을 팔아서 기업의 메시지를 홍보하자는 제안도 늘어나고 있다. 나는 가공 치즈, 샴푸, 감자 칩, 자동차, 수프, 보드카(두 번이나) 광고에 게릴라 가드닝을 사용하자는 제안을 받았다. 나의 대답은 "그럴 수 없다"였다. 그들이 전하려는 메시지가 우리 메시지와 잘 맞아떨어지지 않기 때문이었다. 이런 거절이 기업들의 시도를 완전히 막지는 못한다. 나는 남의 제안을 거절할 도덕적 권리가 있을 뿐이고, 기업들도 우리에게 묻고 있지만은 않기 때문이다. 이번 달만 해도 서로 경쟁하는 일본 자동차 회사 두 곳이 북미지역 광고에서 게릴라 가드닝을 언급하는 것을 보았다. 광고는 "자동차 회사를 움직이는 영감이 바로 게릴라 가드너를 움직이는 영감"이라는 좀 구태의연한 문구였다. 게릴라 가드닝을 주제로 삼은 가장 멍청한 광고 가운데 하나는 2008년 봄에 나온 다국적 스포츠용품 브랜드 광고였다. 그 회사는 나에게 게릴라 가드닝을 이용한 광고에 '오리지널한 느낌'을 더하도록 도와달라는 제안을 했다. 특히 다큐멘터리 형식으로 만들어지는 광고에 스무 명이 넘는 게릴라 가드너를 캐스팅하는 데 도움이 필요하다고 했다. 나는 그들의 출발점이 마음에 들지 않았고 또 양자 사이에 아무런 공통점도 찾을 수 없었기 때문에 협력을 거절했다. 회사는 원래 기획대로 제작을 밀고 나갔다. 그래서 배우들을 써서 가짜 다큐멘터리를 찍었고 자신들이 만든 '게릴라 가든'을 사진에 담아 여러 스타일 잡지에 광고를 실었다. 가장 터무니없는 것은 런던 동부에 설치한 거대한 광고판이었다. 광고판은 플라스틱 식물을 꽂아 그 회사의 심벌이 된 줄무늬처럼 보이도록 한 것이었다. 이 광고가 특히나 우스웠던 이유는 광고하는 제품이 플라스틱이 적게 들어간 친환경 제품이라고 주장하는 운동화였기 때문이었다!

사람들은 "세상에 나쁜 홍보란 없다"고 말한다. 하지만 나는 그 말에 동의하지 않는다. 나쁜 홍보는 끔찍한 일이다. "모든 선전은 나쁜 선전이다"라고 하는 주장도 있다. 이 말에도 나는 동의하지 않는다. 선전을 잘 이용해서 정원을 멀리 퍼뜨릴 수 있으면 그 선전은 좋은 선전이니까.

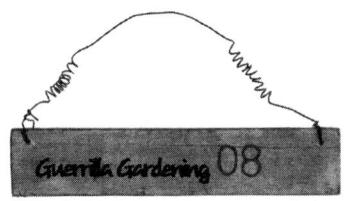

게릴라 가드닝, 승자만 있는 전쟁

 이것은 승자만 있는 '윈-윈' 전쟁, 버려진 공공용지를 골라서 꽃밭으로 만드는 싸움이다. 시간이 지나면 모든 이가, 아마도 향기까지, 승자임이 드러날 것이다.
 하지만 승리의 순간이 언제 올지 알아내기란 쉽지 않다. 늘 모자라면서도 버려지기도 하는 것을 상대로 싸우는 세계적인 규모의 도전은, 초라한 가로수 보호시설 하나를 바꾸어놓으려고 애쓰는 우리에게는 너무도 멀고 감당할 수 없는 일이다. 도전의 규모를 줄인다고 해도, 자랑스러운 우리 정원은 아름다운 모습을 오래 간직하지 못한다. 싸움의 결과는 예측할 수 없다. 흥미진진한 기회와 실망스러운 탈선이 되풀이되어 언제든지 행로에서 밀려

날 수 있기 때문이다. 정원을 음미하면서 유유자적 평화를 말하기란, 열정이 넘치는 사람들에게는 간단한 일이 아니다. 무엇보다 정원을 가꾸는 사람들은 끝없이 자연과 몸싸움을 벌이기를 좋아해서 그렇다.

무엇을 위해 싸우든 게릴라에게 싸움이란, 전통적인 대결밖에 모르는 사람보다 그 성격이 더 모호하다. 그런 이유로 게릴라 가드너는 승리란 칼로 자른 듯이 경계가 분명한 것이 아님을 받아들여야 한다. 경계가 불분명하다면, 식물의 종을 꼼꼼히 따지는 학자처럼 우리도 승리가 도대체 무엇인지 따져보아야 한다.

작은 승리

먼저 어떤 승리든 최대한 이용해야 한다. 작은 승리들부터 찾아보라! 게릴라 가드닝은 작은 승리를 얻기 위해 나아가는, 세계적인 규모의 운동이다. 그것은 전 세계를 아우르는 단일한 결과를 얻기 위해 싸우는 단 하나의 통일된 운동이 아니다. 그보다는 각 지역의 수많은 자발적 조직의 개별 활동이다. 그러니 승리에 대한 생각은 크게 하되, 승리를 향해 가는 과정에서 얻는 작은 성공을 즐겨야 한다. 축하할 일은 얼마든지 있다. 작은 승리들은 빠르게 와서 전진을 계속하도록 우리를 자극한다.

우리가 심은 것들을 음미하자. 라일라 1046은 런던 북부 산업지구의 식목용기에 심은 해바라기(*Helianthus annuus*)가 자라는 곳을 지나다니면서 날마다 작은 승리를 즐긴다. 길가 풀밭을 이용해서 수선화(*Narcissus*)를 심은 화단은 화사하게 피어날 꽃을 기다리는 몇 달 동안 우리를 기쁘게 한다. 우리가 심은 식물이 성장해서 아름다운 절정에 이르는 모습을 보는 것은 확실한 승리다. 시간이 지나면 자연이 그 꽃을 거두어가겠지만, 그 절정의 시간이 승리였음은 달라지지 않는다. 정원에서 자란 식물에서 얻는 씨앗도 승리다. 암스테르담의 그라운드 호그(Ground Hog) 1698은 유리 그릇 가득 담긴 접시꽃(*Alcea rosea*) 씨앗을 전리품이라면서 나에게 보여주었다. 씨앗은 한바탕 성공적인 공격이 끝났음을 알리는 표시지만, 동시에 다음에 얻게 될 더 큰 승리를 향한 약속이기도하다.

사람들의 긍정적인 반응을 즐기자. 우리 활동의 가치를 알아주는 행인이 지나가며 던지는 미소, 지나가는 자동차에서 울려오는 응원의 경적, 감사의 말은 날마다 얻는 승리다. '자신이 사는 지역에 대한 생각이 바뀌는 것'을 승리 목록에 올리자. 해크니의 리건 웨이(Regan Way)에 사는 주민 한 사람은 자기 동네에서 만들어진 게릴라 가든이 "다음날 아침까지도 버티지 못할 것"이라고 말했다. 하지만 두 달이 지나도록 꽃밭은 말짱하게 살아남아서 그를 기쁘게 했다. 그것이야말로 우리에게 진정한 승리였다. 사람들을 설득해서 함께 활동하게 되어 얻는 기쁨도 승리다. 한 사람 한 사람 늘어나는 동료가 승리다. 토론토 게릴라 가든의 "물 좀 주세요!"라는 표지판 옆에 있는 매리골드에 물을 부어주고 가는 행인은 또 하나의 승리다.

이 작은 승리들을 합쳐보자. 처음 움터오는 아네모네를 보고 기뻐하는 것만으로도 좋은 일이지만, 며칠만 지나면 길을 따라 늘

| 뤼크 158과 포장도로 위에 자리 잡은 그의 게릴라 정원(상도 탔다)

| 상점 앞에서 자라는 팬지와 봉선화(네덜란드 암스테르담)

어선 가로수 보호시설마다 만발한 아네모네를 즐길 수 있다. 게릴라 가드닝을 지지하는 사람이 생기면 그것은 승리다. 하지만 그들이 퍼뜨리게 될 게릴라 가드닝 이야기는 더 큰 승리다. 훗날 폭풍우가 닥치면 그런 승리들을 밸러스트(ballast)로 쓰게 될 것이다. 옹졸한 사람들의 훼방을 겪은 뒤에는 작은 승리를 위로로 삼고, 무관심한 이웃을 만났을 때는 그것을 격려로 여길 것이다.

모든 일이 잘 될 때 사람은 더 큰 승리를 갈구하게 된다. 처음 피운 꽃에서 발견한 승리는 계절이 몇 번 바뀌고 나면 처음처럼 그렇게 크게 남지 않는다. 그래서 늘 새로운 도전을 찾는다. 이런 변화에 대응하려면 시야를 넓히고 포부에 관한 상투적인 격언들을 받아들여 목표물을 바꾼다. 뤼크 158이 몬트리올 셔브루크 이스트의 인도를 따라 큰 화단을 가꾼 지 5년이 흘렀다. 이제 그 화단은 나무와 꽃으로 빽빽하다. 그래서 도전할 것이 없어진 그곳을 떠나 싸움터를 다른 곳으로 옮기는 중이다. 성공하면 자신감이 생긴다. 뤼크는 이 자신감에 자극을 받아 길 모퉁이의 더 큰 장소를 공격 목표로 삼았다.

다른 지역의 게릴라 가드너들을 도움으로써 이제껏 성취한 승리를 나누어주자. 게릴라 가든은 개척하는 초기가 가장 어렵다. 그들은 우리가 주는 도움을 고마워할 것이고, 그 고마움은 또 하나의 축하할 일이 된다. 게릴라 가드닝 활동은 화단 한 이랑 한 이랑씩 퍼져간다. 나의 영역은 아파트 현관 앞 식목용기에서 시작해서 그 곁 덤불로, 그리고 다시 길을 따라 한참 가야 하는 교통섬으로 확장되었고, 그 뒤로는 다른 곳에서 활동하는 동료들을 돕는 일로 확대되었다.

로마는 하룻밤에 이루어지지 않았다. 콜로세움 하나 짓는 데도 십 년이 걸렸다. 순식간에 큰 성과가 이루어지리라고는 기대하지 말자. 리즈 크리스티와 그린 게릴라가 1970년대에 뉴욕의 땅 조각들에 변화를 주기 시작했을 때, 그들은 그 활동이 엄청난 잠재력이 있는 일, 뉴욕 전역, 그리고 그 경계를 넘어 대단한 영향을 미치게 될 일이라고는 꿈에도 생각하지 않았다. 그린 게릴라의 초기 멤버 스티브 프릴먼은 나에게 그린 게릴라의 진화를 이야기한 적이 있다. 그린 게릴라는 오로지 공동체 꽃밭 하나만 만들면 좋겠다는 무척 소박하고 단순한 희망으로 시작했다고 한다. 그런 희망이 결국 자신들의 꽃밭뿐 아니라 다른 꽃밭들까지 지속가능하고 유명한 것으로 만들었다. 그들이 만일 공동체 꽃밭 수백 개를 만들겠다는 야망을 가지고 시작했다면 그런 성공을 거두지 못했을 것이라는 게 프릴먼의 생각이다. 그린 게릴라의 첫 번째 꽃밭처럼 우리의 작은 승리도 상상하지 못할 결과를 낳을 수 있다.

어떻게 합법화를 얻어볼까?

게릴라 가드너는 본질적으로 자신이 하는 일에 대해 땅 주인에게 허락을 구하거나 합법화를 시도하지 않는다. 그 이유는 게릴라 가드너들이 다음과 같이 생각하기 때문이다.

| 꽃밭을 만들려는 장소는 절대 합법화되지 않을 것이다.

| 어쨌거나 우리가 하는 일은 모든 사람에게 이익이 될 뿐 아무에게도 피해를 끼치지 않는다. 그러므로 허락을 구할 필요가 없다.
| 단순히 좋은 의도가 아니라 활동의 긍정적인 결과를 보여주면 허락을 얻을 가능성이 커질 것이므로 나중에 시도해야 한다.
| 때로는 결정권자를 찾기가 너무 어렵다. 시간이 지나면 그쪽에서 우리를 찾게 될 것이다.

합법화가 필요하다면 언제, 어떻게 얻어내야 할까?

반드시 필요한 것은 아닌 합법화

합법화 없이도 승리는 얻을 수 있다. 합법화가 반드시 거쳐야 하는 과정이라고 생각할 필요는 없다. 땅 한 조각을 여러 해 내버려둔 땅주인은 앞으로도 계속 그렇게 내버려둘 가능성이 크다. 그런 땅주인에게는 우리 활동이 별로 신경 쓰이는 일이 아닐 것이다. 그렇다면 휴전협정이 체결되지도 않았지만 우리의 투쟁은 끝난 것일 수 있다. 이런 사실을 받아들이되, 한 가지만은 기억하자. "곧이곧대로 전진하는 게릴라는 모든 것을 잃을 수 있다." 그렇게 행동하는 게릴라는 정체가 발각되고, 상대방의 실패를 들먹이면서 자신의 성공을 떠벌리는 실수를 저지르고, 결정권자들을 곤란한 입장에 빠뜨린다. 방치는 언제든지 간섭으로 바뀔 수 있고, 돕느라고 감아주었던 눈은 번득이는 억압의 눈이 될 수 있음을 생각해야 한다.

아주 적절한 사례가 있다. 영국 버킹엄셔의 하이위컴(High Wycombe)에 사는 프레다(Freda) 850은 합법화 시도가 끔찍한 실수로 바뀐 사정을 나에게 털어놓았다. 그녀는 자기 집 앞을 지나가는 통로에서 공격적인 담쟁이(Hedera helix)를 걷어내고 자기 정원에 있는 관목 몇 그루를 옮겨 심어 말끔하게 단장했다. 하지만 이 게릴라 가드닝 때문에 프레다는 양심의 가책을 느꼈다. 그래서 자신이 만든 화려한 꽃밭을 합법화해달라고 청하기로 마음먹었다. 구청, 등기소, 법무관실, 고속도로관리소 등에 전화를 걸었지만 누구에게 관할권이 있는지는 아무도 몰랐다. 그녀는 참을성 있게 계속 해답을 구했다. 그랬더니 구청에서 그녀에게 공공기물파괴와 공무방해로 고발할 수도 있다는 경고가 날아왔다. 결국 고속도로 관리소가 관할권을 인정했지만, 그때는 이미 프레다가 예방 차원에서 초롱꽃만 남기고 게릴라 가든의 식물을 모두 걷어낸 뒤였다. 그녀는 허가를 받으려고 노력했던 것을 후회했다. 그렇지 않았으면 게릴라 가든에 대해서는 아무도 모르거나 관심을 가지지 않았을 것이기 때문이다.

어떤 경우에는 절대로 허가가 나지 않는다. 도로나 완벽하게 관리되는 잔디밭처럼 전혀 버려지지 않은 땅에 저항과 시위의 뜻으로 만든 게릴라 가든은 금세 없어진다. 땅 주인이 미리 금지를 표명했거나 사용 계획이 마련되어 있는 땅에서는 들키지 않는 동안에만 게릴라 가드닝을 할 수 있다. 76세인 마르셀 1137은 암스테르담의 프린선흐라흐트(Prinsengracht) 아파트 지붕에 십 년이 넘도록 꽃밭을 가꾸었다. 그는 허가를 구한 적이 한 번도 없는데, 건물

주가 절대로 허락하지 않을 것임을 알기 때문이었다.

합법화에 적당한 시기는 언제일까?

의욕적인 게릴라 가드너는 합법화를 목표로 삼는다. 더 많은 것을 달성하려면 허가를 얻었을 때 따라오는 안정이 필요하기 때문이다. 커다란 꽃밭은 눈에 띄지 않을 수 없다. 더구나 공동체를 위한 꽃밭이라면 공개적인 장소로 만들 필요가 있다. 뉴욕의 재커리 922는 이 단계를 다음과 같이 요약한다. "게릴라 가든이 꽃밭을 시작하는 방법이라면 커뮤니티 가든은 후속조치를 가리키는 말입니다." 뉴욕의 게릴라 가드닝이 걸어온 길이 바로 그랬다. 게릴라 가드닝을 시작하고 일 년도 지나지 않아서 그린 게릴라는 시 행정기관들과 합법화를 논의하기 시작했다. 사고에 대한 책임 문제도 걱정이 되었고 그런 장소가 음주와 쓸데없는 배회를 부추길 수도 있다는 우려도 있었지만, 게릴라 가드너들의 의지와 합리적인 성격에 미디어의 긍정적인 관심이 더해져 합법화라는 목표를 달성할 수 있었다.

결국 시로서는 어려운 결정이 아니었다. 게릴라 가드너들이 활동하는 장소는 쓰레기 버리는 사람이나 가두 선도원, 쥐 말고는 누구도 관심이 없는 땅이었다. 거의 파산상태인 시청의 산하기관들은 그런 장소를 관리할 능력이 없었고, 그런 장소에서 시신이라도 치우게 되면 소방서, 보건소, 검시관을 동원해야 하는데 그 모든 게 비용이 드는 일이었다. 그린 게릴라는 합법화(단기임대형식의 사용 허가)를 통해서 자신들의 노력이 계속 이어질 수 있다는 자신감과 더 큰 계획을 세울 용기를 얻었다.

합법화를 시도하는 시기를 잘 골라야 한다. 불법 상태를 유지할 때 게릴라 가드너와 정원에 닥칠 위험이 그렇지 않을 때보다 크다는 판단이 서면 합법화를 시도한다. 일단 휴전을 선언하고 협상을 제안하고 나면 협상에서 유리한 위치에 서는 것이 중요하다. 평화협상이 시작되면 다음의 규칙을 따른다.

| 공무원들에게는 누가 보아도 매력적으로 가꾸어진 장소를 보여준다. 그 장소가 그림 엽서처럼 아름다울수록 동의를 얻어내기가 더 쉬워진다. 게릴라 가든의 디자인이 눈에 띄도록 화려하지 않다면, 식물의 선택, 토질 개선 등 금방 눈에 띄는 결과를 가져오지는 않는 투자에 노력을 기울였다고 설명한다.
| 게릴라 가드닝 이전에 그 장소가 어떤 황량한 상태였는지를 보여주는 사진을 제시하고, 당시 그곳이 얼마나 위험하고 사람들이 기피하는 장소였는지를 입증하는 일화를 덧붙인다.
| 그 장소에서 오랫동안 꽃밭을 가꾸어왔다는 사실을 증명한다. 그곳이 오래되지 않았다면 이전의 꽃밭을 사례로 든다. 행정기관은 우리가 얼마나 지속적으로 그 장소를 가꿀 수 있을지 의구심을 가질 것이다. 그들은 모든 것을 부정적, 비관적으로 바라 보는 경향이 있다. 그들의 회의적인 태도를 보면 그런 공유지가 어떻게 관리의 손길에서 벗어났는지 짐작하게 된다.
| 얼마나 많은 사람들이 이 장소의 게릴라 가드닝을 후원하고

| 런던 보건복지부 건물 맞은편에 터를 잡은 아네모네와 크로코스미아 루시퍼

있는지를 최대한 홍보한다. 땅 주인이 공인일 때는 그 점을 더욱 강조한다. 지역 주민으로부터 지지 서명 같은 것을 받고 (특히 노인, 어린이, 유지들) 미디어의 긍정적인 기사, 위험하지 않은 야생동물이 새로 서식하게 되었다는 증거 등을 모은다.

l 게릴라 가든이 지역을 매력적으로 꾸미는 것 이상의 이익을 가져다준다는 사실을 보여준다. 수확물이 있는가? 꽃밭으로 인해 사람들이 전보다 더 안전하다는 느낌을 받는가? 그 덕분에 지역의 업체들에게 이익이 돌아가는가?

l 게릴라 가드너가 정치적으로 급진적인 견해를 가지고 있다면 협상에서는 드러내지 않도록 한다. 사회에 대한 게릴라 가드너의 대안적인 견해를 선언하는 것은 사회의 작은 조각인 꽃밭이 안전하게 된 뒤로 미룬다.

협상에서 노려야 하는 것은 공무원들이 "노(No)"라고 말하기는 어렵게 만들고 "예스(Yes)"라고 말하기는 쉽게 만드는 것이다. 이쪽의 요구 수준은 되도록 낮춘다. 수도, 울타리, 깨끗한 흙, 쓰레기 처리 등을 위해 행정기관의 도움이 필요하겠지만 우선은 허가만 요구해야 한다. 협상에서 이기고 있다는 확신이 들 때 비로소 더 많은 것을 요구하기 시작한다. 시청, 땅 주인, 지역 업체, 이웃 등에 동시에 이메일을 보내는 것도 괜찮다. 편지를 받은 사람들은 아무런 준비나 정보 없이 갑자기 이 문제에 부딪히는 상황을 피하게 되고, 따라서 반응을 보이기 전에 한 번 심사숙고하게 된다. 결정적인 권한을 가지고 있지 않아도, 그 사람들에게서 어렴풋한 지지

의사라도 얻어내면 다음 상대를 만날 때 이용할 수 있다.

우리가 가진 협상의 카드를 현명하게 사용하면 상대방은 협력을 제안할 것이다 우리가 윈윈 상황을 제시하면 상대방은 도움을 주겠다고 적극적으로 나선다. 사실 그들은 우리가 이루어낸 성공을 나누어가지고 싶어 한다. 이 단계에서는 게릴라 가드닝이 시작되기 전에 행정기관이 얼마나 무능하고 게을렀는지 언급하지 않도록 주의한다. 우리가 만든 아름다운 정원이 이미 그들을 비난하고 조롱하고 있다. 애덤 276은 이 문제를 이렇게 요약한다. "그들은 제왕이다. 따라서 '당신들은 훌륭한 결정을 내렸다'고만 말해주어야 한다."

법적으로 권한이 있는 사람에게 허가를 받도록 해야 한다. 그렇게 하지 않으면 이미 허가를 받았다고 생각했다가 다른 사람에게 다시 받아야 하는 일이 생긴다. 준(June) 715가 겪은 것도 그 문제였다. 79세인 그녀는 영국 어치폰트(Urchfont)의 그림 같은 마을에서 8년 동안 교통섬 하나를 정원으로 가꾸고 있었다. 시작하고 얼마 지나지 않아 마을 행정기관의 허가를 받았고, 그 뒤로 그 땅을 합법적으로 가꾸어 마을이 '2005년 윌트셔에서 가장 잘 관리되는 마을'로 선정되는 데 힘을 보탰다. 그런데 어느 날 상급 행정기관의 고속도로 관리인이 교통섬을 손질하는 그녀를 발견하고 위험한 행동이라고 판단했다. 얼마 뒤 준은 그곳에서 정원 일을 계속하려면 형광색 옷을 입고 경고판 세 개를 설치하고 안전을 위해 주위를 살펴보는 사람 1인과 동행해야 한다는 통보를 받았다. 준은 자신이야 말로 위험을 판단할 가장 적절한 위치에 있다고 생각했으며, 더구나 커다란 금속 표지판을 끌고 다닐 수도 없고 동행을 구할 형편도 아니었다. 마을 행정기관이 그녀 편이어서 그 뒤로도 정원은 계속 가꾸었지만, 지나치게 엄격한 안전법규 때문에 어쩔 수 없이 불법 상태로 되돌아가고 말았다. "그 사람들은 마음만 먹으면 나를 감옥에 보낼 수도 있어요. 나는 그저 혼자 그 일을 하고 싶을 따름입니다" 하고 그녀는 어느 저널리스트에게 말했다.

자신이 결정권을 가진 강한 위치에 서도 최종적인 합법화가 가능해진다. 토지 문제를 관할하는 공무원이 게릴라 가드너로 활동한다는 이야기는 아직 못 들었지만, 미국 피츠버그(Pittsburgh)에 사는 두 여성이 자기들이 게릴라 가든을 만들었던 장소 가운데 네 곳을 매입했다는 이야기는 들었다.

나에겐 불법 게릴라 가드닝이 최선이었다

앞에서 나는 런던 엘리펀트 & 캐슬에 있는 페로넷 하우스의 버려진 화단에서 게릴라 가드닝을 시작한 이야기를 했다. 이제 내가 겪은 일을 좀 더 이야기해보려 한다.

2007년 여름, 나는 정원을 계속 가꾸려면 반드시 합법화가 필요한 상황에 맞닥뜨렸다. 서더크 구청의 용역인부들이 내가 사는 아파트 둘레의 게릴라 가든에 손을 대기 시작한 것이다. 그들이 간섭하지 않는 3년 동안 나는 조금씩 다양한 관목 덤불과 여러해살이풀, 화려한 꽃을 피우는 한해살이풀이 섞인 정원을 만들었고, 시간이 지날수록 나의 활동에 관심을 보이고 지지하는 이웃의 숫자가 늘어났다. 구청은 아무런 사전 통보도 없이, 그리고 원예를 대하는 기본자세는 완전히 무시하고 야만적으로 화단을 침범했다. 모든 게 망가졌고, 남은 것이라고는 근대*(Beta vulgaris)* 모종과 노란색 서양톱풀*(Achillea anthea)*, 진홍색 아마*(Linum grandilorum)*뿐이었다. 가장 기가 막혔던 일은 막 꽃을 피우려던 2m 짜리 부들레이아를 베어버린 것이었다. 이 사건을 겪은 뒤 나는 바로 합법화 노력을 시작했다. 합법화를 향한 길은 순탄하지 않았다. 그 과정에서 스캔들에 가까운 일들이 불거져 나왔고, 나는 불법 게릴라 가드닝이야말로 누구에게나 최선의 선택임을 확신하게 되었다.

더 이상의 공격을 예방하려면 구청이 '정원 일'을 재개하지 않도록 막아야했다. 그러나 그들의 임무 재개를 막는 것은 내가 원하는 승리가 아니었다. 그래서 내가 아무런 비용을 요구하지도 않고, 화단만 계속 가꿀 수 있으면 만족할 자원봉사자라는 사실을 그들에게 알리기로 했다. 먼저 이런 의사를 담은 이메일을 구의원 몇 사람에게 보냈다. 일주일 뒤 그 가운데 한 사람이 화단에서 만나고 싶다는 답을 보냈다. 그는 내 문제에 관심을 보였지만, 최종적인 결정권을 가진 공무원들은 어떻게 반응을 해야 할지 몰라 당황스러운 모양이었다.

우왕좌왕 통화만 하며 몇 주가 지난 뒤에야 주택토지국 공무원 두 사람, 용역회사 대표, 인부, 남부 런던에서 온 원예 전문가와 나의 만남이 이루어졌다. 그들은 모두 검은 선글라스를 끼고 피곤한 얼굴을 하고 있었다.

회의는 금세 옆길로 빠지고 말았다. 원예 전문가는 내가 심은

| 게릴라 가드닝 활동을 인정받으려고 포스터를 붙이다

것들 이야기를 꺼내면서 토마토(*Solanum lycopersicum*)는 화단에 전혀 적합하지 않다고 말했다. 또 라일락(*Syringa vulgaris*)은 매우 공격적이고, 손을 쓰지 않으면 월계수(*Laurus nobilis*)는 지나치게 크게 자랄 것이라고 고개를 절레절레 흔들며 경고했다. 하지만 확실한 사실 한 가지는 (그의 부서와는 달리) 나는 그곳을 지속적으로 돌보리라는 것이었다. 인부는 꽃밭의 위치를 전혀 모르는 듯 부들레이아가 담장과 철도 교량을 위협하는 해로운 잡초라고 주장했다. 부들레이아가 그렇게 위험한 잡초라면 왜 뽑지 않고 쳐내기만 했는지는 설명하지 못했다.

시간이 지나면서 나는, 사소한 꼬투리를 잡고 그동안 그런 곳들을 소홀히 한 이유를 설명하지 못하면서도 나의 자원봉사를 가치 있는 것으로 인정하지 않는 그들의 태도에 인내심을 잃어갔다. 유난히 조바심을 치던 용역회사 대표가 "이 친구 이거 전혀 합리적이지 못하군. 그곳은 그냥 뭉개버립시다"라고 언성을 높였을 때, 나는 인내심을 잃어가는 이유를 말해주었다. 용역회사 대표가 옹졸하게 폭발하는 바람에 참석자들은 정신이 번쩍 나서 책임 문제라는 주제로 돌아갔다.

구청은 내가 정원 일을 그만두는 경우 적어도 한 달 전에 구청에 알려줄 용의가 있다면 활동을 계속하도록 허용할 용의가 있었다. 나의 의도가 선량하고 원예 능력도 괜찮다는 사실은 확인한 모양이었다. 하지만 그들 스스로 해결해야 할 문제가 터져 나왔다. 무엇보다 용역회사는 여러 해 동안 이 지역의 작업을 소홀히 한 것을 해명해야 했다. 더 큰 문제는, 임차인들이 여러 해 동안 페로넷 하우스의 대지 관리비를 냈는데도 아무런 관리가 이루어지지 않았다는 사실이었다. 몇 사람이 문제가 있음을 알아차리고 이의를 제기한 뒤에야 구청은 정원 손질을 재개했던 것이다.

어쨌든 세입자들은 환불을 받아서 좋아했고 나는 꽃밭을 계속 가꿀 수 있어서 다행스러웠다. 나중에 구청이 대지관리비를 더 이상 징수하지 않을 것이고 관리가 이루어지지 않았던 시기에 대해서는 환불하겠다고 알려온 것이다. 페로넷 하우스의 모든 가구에 편지를 보내어 구청이 나의 활동을 지지한다고 밝히고 이의가 있으면 연락해 달라고 부탁했다. 물론 이의를 제기하는 사람을 아무도 없었다. 현재 나는 그곳에서 게릴라가 아니라 합법적인 동네 정원사로 봉사한다.

양보가 필요할 때

결과가 우리에게 크게 유리하리라고 판단되면 몇 가지는 양보할 수도 있어야 한다. 합법화된다는 생각은 우리에게 장애물이 된다. 급진적 입장에서 책임감이라는 영역으로 옮겨가면, 상징적으로 입었던 낡은 전투복을 벗고 답답하더라도 단정하고 말쑥한 옷으로 갈아입어야 할 것이라는 두려움이 생긴다. 투쟁은 흥미진진하고 관료주의는 따분하다. 기성 체제와 협력하게 되면 기성 체제에 항복하는 느낌이 들 것이다. 하지만 우리는 그런 경우가 아니다. 관공서의 형식주의와는 최선을 다해서 거리를 두고, 관공서 사람들에게는 과거에도 그랬듯이 앞으로도 당신들이 우리 때문에 시간을 낭비할 일은 없을 것이라고 말해주어야 한다. 공무원들이 임무를 더 잘 수행하는 데 필요한 에너지와 창조성을 우리가 제공할 수 있다고 정색을 하고 제안하면 된다.

뉴욕에서는 많은 게릴라 가든을 살리기 위해 몇 군데를 포기해야 했다. 그것은 활동을 계속하려는 압력 때문에 만들어진 고름주머니를 터뜨리는 일이었다. 2002년 뉴욕에서 그 일이 벌어졌을 때 몇몇 커뮤니티 가든 활동가들은 납득하기 어려워했다. 애덤 276은 그때의 힘들었던 상황을 들려주었다. 당시 커뮤니티 가든 192곳이 시의 공원휴양국 관할에 포함될 것인지 결정을 기다리게 되었다. "그런데 짜증스럽게도 꽃무늬 옷을 입은 극좌 무정부주의자들이 최선의 해결책을 이끌어내기 위해 마련된 협상 테이블에 앉기를 거부했어요." 애덤은 그때의 고통스러운 기억을 되살리면서 고개를 저었다. "사회주의 유토피아에도 규칙이 있는 거잖아요." 애덤은 시위대를 향해서 합법화 쪽으로 가자고 설득했고, 결국 대다수의 정원을 보존할 수 있었다.

몬트리올에서 일단의 활동가들이 유명해진 것은, 건물 신축 때문에 없어지게 된 공동체 꽃밭 대신 새 건물의 옥상에 정원을 만들라는 제안을 받았을 때였다. 리즈 크리스티 가든을 가꾸는 엘리자베스 650의 생각은 현실적이다. "그건 언제나 공동체에 유익한 것과 경제 세력 사이의 줄타기예요. 투쟁은 여전히 필요하지만 말이죠." 이런 '기브 앤드 테이크'의 자세 덕분에 개발 사업의 압력에서 살아남는 정원이 생겼다고 할 수 있다.

경우에 따라서 우리는 정규군의 편에서 싸울 용의도 있어야 한다(물론 정규군 쪽에서 원해야 하겠지만). 우리에게 정규군이란 직업 정원사를 말한다. 나는 잔디 깎는 일은 그들에게 맡긴다. 쓰레기를 치우거나 담장 설치 공사 등을 부탁할 수도 있다. 반도전쟁(1808년에서 14년까지 영국·포르투갈·스페인 연합군이 이베리아 반도에서 나폴레옹 군대를 몰아낸 전쟁)에서 나폴레옹에 대항해서 싸운 역사상 첫 게릴라들도 혼자서 나폴레옹을 대적하지 않았다. 웰링턴 공이 이끄는 영국의 정규군은 나폴레옹의 군대를 포르투갈에 가까운 스페인 쪽에서 피레네산맥에서 융통성 있게 움직이는 게릴라들 쪽으로 몰아붙였다. 이 게릴라들은 영국군으로부터 지원을 받았지만 그 대가로 희생한 것은 아무것도 없었다.

게릴라는 영원하다

합법화가 이루어져 게릴라 시대가 지나가면, 우리의 활동에서 불법이라는 요소는 사라지고 정원 일에 대한 사랑만 남는다. 그리고 이 사랑은 우리를 계속 정원으로 불러들인다. 불법 시대의 짜릿한 긴장을 그리워하는 사람도 있지만, 합법화된 이 정원도 그 시작은 게릴라 가든이었음을 기억하는 것으로 충분하다. 누구도 그 사실을 없앨 수 없다. 우리의 게릴라 전략은 성공했다. 살아남은 정원이 그 증거다.

언젠가 서더크 구청에서 우리 지역을 담당하는 주택토지국 직원 사만다(Samantha)에게 만일 게릴라 가든을 만들기 시작하면서 허가를 구했다면 통했을 것인지 물어본 적이 있다. 그러자 그녀는 망설임 없이 "절대로 안 통했을 거예요" 하고 대답했다. 이런 현실 때문에 게릴라 가든은 더욱 특별해진다. 아무런 허가 없이 그저 밖으로 나가서 정원을 가꾸고, 행정기관이 주민들에게 돈을 덜 들이고 더 나은 서비스를 할 수 있게 되는 윈윈 상황을 만든 것이 합법화를 가능하게 했다.

합법화가 이루어지면 평판이 좀 나아지는 변화는 있겠지만, 우리는 여전히 휴가 중인 게릴라 가드너, 활동을 재개할 명분만 기다리는 휴면세포들이다. 받아들인 규칙이 설득력을 잃어버리면, 우리는 그 규칙에 반기를 들고 일어설 것이다. 우리는 뉴욕의 게릴라 가드너들이 어떻게 다시 게릴라 전술로 되돌아갔는지 목격했다. 데번의 마거릿 2878은 행정기관이 그녀의 정원에서 나오는 녹색 폐기물을 치워주기로 한 합의를 깨뜨리자 다시 게릴라 전술로 돌아가는 움직임을 보여주었다. 자신이 가꾸는 토어(Torre) 교회묘지를 유명한 '꽃 피는 영국'(Britain in Bloom) 경연대회의 응모 명단에서 빼겠다고 위협한 것이다. 그 정원은 마을이 자랑하는 보석이었다. 그러자 시청은 곧 합의 사항을 다시 이행하기 시작했다.

영감을 전파하는 게릴라 가드닝

정원의 합법화는 땅 주인에게 우리가 상상하는 것보다 훨씬 큰 영향을 끼친다. 자기 땅에 대한 생각을 바꾸기도 한다. 내가 알기로도 세 도시의 행정기관이 공유지에서 행해지는 게릴라 가드닝에서 직접 영감을 얻어 정책을 바꿨다.

풍경 바꾸기에 앞장선 뉴욕시

게릴라 가든이 생기자 1978년 뉴욕 시청은 '그린섬'(Green Thumb)이라는 지원 조직을 만들었다. 이 조직은 공동체 꽃밭을 만들겠다는 사람들에게 훈련과 자료를 제공했다. 그렇게 꽃밭이 좀 더 쉽게 합법화되는 길을 마련하자, 게릴라 활동은 괄목할 만큼 줄어들었다. 그린섬은 지금까지 존속해서 600개가 넘는 자원봉사자 꽃밭을 돕고 있다. 이것들을 다 합치면 센트럴파크와 같은 넓이다.

그런데 뉴욕에서 만난 게릴라 가드너들은 대부분 그린섬의 활동을 하찮게 여기거나 아예 몰랐다. 부분적으로는 아마도 그린섬을 이끄는 대표가 애써 '불간섭주의'를 원칙으로 일하기 때문일 것이다. 그린섬 대표 에디 스톤(Edie Stone)은 이 조직에 대해 많은 생각을 한다. 그리고 꽃밭의 자급자족이라는 풀뿌리 정신을 보존하기 위해 애쓴다. "예를 들면 우리는 모든 사람들에게 똑같은 기구창고를 제공할 수 있어요. 하지만 어떤 사람들은 자투리 나무 등으로 기구창고를 만들고 또 어떤 사람들은 이층짜리 정자를 만드는 게 훨씬 바람직해요." 그렇게 하면 각 정원의 개성과 성취감이 존속된다. "저의 목표는 관료주의의 간섭을 막아서 활동가들이 독자적으로 움직이면서 게릴라 정신을 유지하도록 하는 겁니다. 사람들이 각자 자기만의 방식으로 생각하도록 내버려두자는 거죠. 그러면 창의적인 일들이 벌어집니다." 투쟁 정신이 중요하다는 것도 인정한다. "그래요. 사람들이 투쟁하는 모습을 보고 싶어요."

게릴라 가드닝은 뉴욕에 다시 활기를 불어넣는 데 중요한 역할을 한다. 애덤 276은 최근에 시청이 재개발을 끝낸 헬스키친 주변의 공원들로 나를 안내했다. "우리가 기대치를 높여놓는 바람에 공원국이 따라와야 했어요."

뉴욕시 공원국은 최근에야 비로소 게릴라 가드닝에 관심을 가지게 되었다. 이 부서는 땅 주인이 확인되지 않는 사유지에 나무를 심도록 하는 법을 도입했다. 어떤 시점에서 땅 주인을 확인하는 작업을 멈추고 꽃밭을 만들기 시작하는지는 아직 분명하지 않다. 그러나 내가 받은 인상은 꽃밭 조성 신청에서 활동 시작까지는 오래 걸리지 않는다는 것이다. 공원국 식목과 과장 브램(Bram) 2112는 "땅 주인의 허락을 구해야 한다면 한없이 기다려야 하리라는 사실에는 의심할 나위가 없었죠"라고 말했다. "나중에 땅 주인이 자기 땅에 심긴 나무를 원하지 않으면 그때 가서 협의하면 됩니다." 그와 질리언(Gillian) 2111(TreesNotTrash.org)은 브루클린 부시위크(Bushwick) 마을 고색창연한 산업지구의 황량한 땅과 버려진 창고 앞에 나무 60 그루를 심으면서 풍경을 바꾸려고 열심히 싸우고 있다.

게릴라가 승리한 도시 암스테르담

암스테르담은 녹색 거리보다는 습기 찬 거리로 더 잘 알려져 있다. 하지만 마른 땅이 부족하다는 사실은 이곳 시민들이 땅을 최대한 이용하는 법을 배우게 된 이유 가운데 하나였다.

이 도시의 게릴라 가드닝은 1980년대 초 시 중심부 드 페이프

| 게릴라 가드닝의 매혹적인 결과물(암스테르담)

(De Pijp)에서 시작되었다. 지금은 인기 있고 세련된 동네지만 그때는 버려진 건물에 독특한 불법 거주자들이 사는 곳이었다. 폭동과 경찰과의 충돌이 일상사였던 때여서, 불법 거주는 훨씬 온건한 저항 수단이었다. 어떤 불법 거주자들은 자신들이 점거하고 있는 건물 벽에 닿도록 덮인 포장석을 걷어내고 꽃밭을 만들기로 했다. 담장 아래 작은 틈에서 식물이 자라면 포장된 땅의 한 구석을 장식하게 될 것이었다. 행정기관은 처음에는 모르고 있다가 다음에는 묵인했고 마침내 1990년 무렵에는 오히려 그 변화에 영향을 받아 공식적으로 정책을 바꿨다. 게릴라 가드너들이 시작한 것을 지원하기로 한 것이다.

오늘날 시청은 지역주민들이 원하면 포장석을 걷어낸다. 해마다 5월에는 하루를 잡아 각 지역 관공서가 그렇게 건물 전면에 꽃밭을 만들고 파티를 방불케 하는 분위기 속에서 포장석을 걷어내고 새 화단에 흙을 덮고 식물을 건네준다. 규칙은 몇 가지 되지 않는다. 공간은 담장에서 30cm를 벗어나면 안 된다. 가시가 있는 식물을 심을 수 없다. 나는 시청에서 건물 전면 꽃밭을 가꾸는 사람들을 훈련시키기 위해 고용한 정원 설계가 사스키아 알브레히트(Saskia Albrecht)를 만났다. 그녀는 간단한 디자인, 색의 조합, 빈 벽을 가릴 식물 등을 제안한다. 시내 곳곳은 긴 틈처럼 생긴 화단으로 장식된다. 한 곳에 아프리카 봉선화(*Impatiens walleriana*)가 만발하면 다른 곳에는 으름덩굴(*Akebia quinata*)이 벽을 타고 오른다.

마르그레타(Margreeta) 898은 규칙을 조금 넓게 해석해서 공식적인 정원과 이어지는 브레더로드(Brederode) 가 모퉁이에 식목용기를 두고 정원을 만들었다. 행정기관이 그 식목용기를 치우자 그녀는 이의를 제기했고, 식목용기는 제자리로 되돌아왔다. 암스테르담이야말로 게릴라가 이기는 도시임을 다시 한 번 보여준 일이었다.

녹색도로 프로그램을 출범시킨 밴쿠버

밴쿠버 시 공식 웹사이트는 한때 공공용지에 식물을 심는 것을 금지했던 이유를 설명한다. 게릴라 가드너는 감전의 위험에 노출되며(처벌이 아니라 지중전선 때문에), 행인들은 관리하기 힘든 식물에 걸려 넘어질 위험이 있다는 것이었다. 하지만 결국 행정기관의 정책은 달라졌다.

전환점이 된 것은 1994년 즉흥적으로 벌어진 게릴라 가드닝 활동이었다. 사건의 무대는 새로운 로터리와 모퉁이 둔덕 조성 공사가 막 끝난 마운트 플레전트(Mount Pleasant) 지역이었다. 공사를 진행한 인부들은 마니토바 가와 14번 가가 만나는 곳에 많은 양의 퇴비를 쏟아놓았다. 그해 느지막이 조경을 하기 위한 준비였다. 그런데 흙이 노출되어 있는 곳에서 지역 주민 한 사람이 새에게 먹이를 주는 설비를 씻었고, 그 바람에 새의 배설물에 섞여 있던 씨앗이 발아해서 예상 못했던 해바라기가 열 그루가 넘게 자라났다. 시청에서 하는 조경과는 전혀 다른 풍경을 구경하느라 자동차들이 속도를 늦추는 일이 벌어졌다.

밴쿠버 시청에는 자기 동네 로터리와 주변 둔덕에 해바라기를 심어도 좋은지를 문의하는 전화가 오기 시작했다. 어떤 이들은 시청에서 심은 것들을 돌봐도 괜찮은지 물었다. 사람들의 관심이 커지자 시청은 시험 프로젝트를 시작했고, 이를 바탕으로 1994년에는 자원 활동가 15명으로 '녹색도로 프로그램'(Green Street Program)을 출범시켰다. 시에서는 많은 정보를 제공해서 참여자들이 최대한 쉽고 혼란스럽지 않게 작업을 할 수 있도록 돕는다. 예를 들어 행인에게 장애물이 되지 않도록 식물은 인도의 포장이 끝나는 곳에서 30㎝ 이상 떨어져야 하고, 눈에 잘 띄는 겉옷을 입고 되도록 낮에 활동하기를 권장하며, 흙과 식물은 때때로 시에서 제공한다는 것이다. 길가에 그려진 녹색 표시는 돌보는 사람이 아직 없음을 나타내고 노랑 표시는 이미 누군가가 돌보고 있다는 것을 행인들에게 알린다.

현재는 수백 명의 자원 활동가들이 도시 전역에 걸쳐 250곳의 그린 스트리트 가든을 가꾸고 있다. 밴쿠버는 이 활동의 가치를 높이 평가한다. 공식 웹사이트의 그린 스트리트 페이지는 이 활동이 "공동체의 자부심과 주인의식을 자극하고 계발하여 도시 전체에 이득을 가져다준다"고 자랑스럽게 밝히고 있다.

거주민과 타협하다

우리가 가꾸는 꽃밭은 안전하고 행정기관은 우리 편이지만 아직 마음껏 즐길 수만은 없다. 승리를 거두는 반대쪽에는 패배자들도 있을 것이다. 따라서 완전한 윈윈 상황이란 있을 수 없다는 사실을 인정해야 한다.

버려진 장소에 사람이 개입하면 야생동물들은 쫓겨난다. 야생동물만 집을 잃어버리는 것이 아니다. 부랑자, 마약 거래하는 사람, 가두 선도원처럼 퇴락한 장소가 오히려 편안한 사람들이 그렇다. 버려진 지역을 시간의 간격을 두고 단편적으로 바꾸면 야생동물들은 천천히 새로운 서식지를 찾을 수 있어서 별다른 갈등을 겪지 않는다. 우리가 섬세하게 작업을 진행하면 반사회성이 덜한 야생동물 공간을 마련해서 머물도록 할 수도 있다. 하여간 우리가 몇몇 야생동물의 집을 빼앗는다는 사실을 인정해야 한다.

게릴라 가든에 울타리를 두르는 문제는 이견이 분분하다. 그것이 '승자'와 '패자'를 갈라놓기 때문이다. 나처럼 가로수 보호시설, 길가 둔덕, 교통섬 등을 가꾸는 사람들은 울타리 문제가 생기지 않는다. 그러나 커뮤니티 가든처럼 안전한 휴식공간을 만드는 사람들에게 울타리는 심각한 딜레마가 된다.

안정된 담장은 식물과 꽃밭 설비를 지키고 쓰레기 투기를 막는다. 뉴욕의 게릴라 가드너들은 처음에 철망으로 울타리를 만들었고, 지금도 공동체 공원 대부분은 그들이 자랑스러워하는 철망 울타리로 둘러싸여 있다. 내가 지디(Zeedee) 1635를 만난 날, 6번가와 B로가 만나는 곳에서는 자원 활동가들이 철망에 즐겁게 페인트칠을 하고 있었다. 공원에 들어가려면 곳에 따라 조금씩 다르긴 하지만 돈을 내고 열쇠를 받거나 정해진 시간표를 따르면 된다. 울타리가 없다면 이 녹색 오아시스들의 앞날은 험난할 것이다. 하지만 전에는 누구나 들어갈 수 있었던(형편없는 쓰레기 더미이긴 했지만) 곳이 특정한 사람들의 차지가 되었다는 슬픈 사실도 인

정해야 한다. 울타리는 버려진 땅을 둘러싼 갈등에는 도움이 되지만, 땅이 모자란다는 사실 때문에 생기는 또 다른 갈등에는 도움이 안 된다.

뉴욕의 게릴라 가드너 피터(Peter) 509는 이 문제를 잘 알고 있다. "우리는 공공용지가 무엇인지 제대로 정의하는 데 의견을 보탭니다. 공공용지가 제대로 '공공적'이려면, 그것이 개방되어 있어야 해요. 그렇지 않으면 우리는 바깥에서 그 장소를 보며 감탄하기는 하지만 제대로 즐길 수 없으니 옥상에 올라가 요가나 하는 거죠. 어떤 공동체 꽃밭은 사유화된 공간처럼 보입니다. 사람들이 지나가기는 하지만 들어가지 않는 식당처럼 말이죠. 요즘은 사람들이 모든 게 개인 소유라고 생각합니다."

실망스러운 현실이다. 클린턴 커뮤니티 가든의 애덤 276도 이 문제점을 잘 안다. 그래서 되도록 넓은 지역의 많은 사람들이 공원에 들어와 즐길 수 있도록(현재 열쇠를 가진 사람은 6000명이다.) 한다고 강조했다. 실제로 이 공원은 모든 사람이 즐길 수 있도록 꾸며졌다. 다양한 활동과 행사가 제공되고, 세 가지 언어로 된 환영 표지판이 걸려 있다. 클린턴 커뮤니티 가든은 의심할 나위 없이 게릴라가 성취한 승리의 꽃밭이다.

울타리가 전혀 없는 게릴라 가든도 드물지 않다. 다니엘(Daniel) 1224는 부에노스 아이레스의 라보카(La Boca) 지역에서 정원을 가꾸고 있다. 밤에는 무척 거친 곳이어서 꽃밭을 닫기는 하는데, 문은 실로 감아두는 방법으로 잠근다. 이렇게 상징적으로만 주인이 있음을 알려도 범죄를 예방하는 데는 모자람이 없다. 베를린의

'분홍장미정원'은 연중 24시간 개방되어 있다. 소소하게 훼손하는 사람들이 있지만 아직 울타리를 둘러야 할 필요는 느끼지 못한다. 이 두 꽃밭이 있는 동네의 주민들은 가드닝을 지지한다.

모든 사람에게 개방할 수 없는 게릴라 가든도 있다. 캘리포니아 버클리에서 '피플스파크'(People's Park)를 만든 게릴라들은 모든 사람들에게, 그리고 특히 사회 주변계층에게 공원을 개방하기를 원한다. 처음에는 그렇게 하는 데 성공했지만, 시간이 흐르면서 공원은 마약 중독자들과 범죄자들의 소굴이라는 평판을 얻으면서 평범한 사람들이 들어갈 수 없게 되었다. 울타리가 없는데도 심리적인 장벽이 생겼고, 공원을 만든 사람들의 업적은 유명무실해졌다.

꽃밭은 진화한다

싸움이 끝난 뒤에도 오래도록 유지되는 승리가 진정으로 큰 승리다. 만든 사람이 물러난 뒤에도 꽃밭이 오래 존속하려면 어떻게 해야 할지 생각해보아야 한다. 오래 사는 식물, 체질이 강하거나 회복이 빠른 식물을 선택하는 것도 방법이다. 토니 830이 심은 웰시 포피(*Meconopsis cambrica*)나 버지니아 주 리치먼드의 앤(Anne) 1613이 심은 튤립과 크로커스는 오랫동안 살아남을 것이다. 론(Ron) 235는 거대하고 장기적인 유산을 남긴다는 생각에 영국 여기저기에 세쿼이아 삼나무(*Sequoiadendron giganteum*)을 심었다. 별 일 없으면 수천 년은 살아남는 나무이기 때문이다. 존 채프먼과 오하

| 클린턴 커뮤니티 가든에서 독립기념일을 축하하다(2001년, 미국 뉴욕)

이오의 사과나무 전설은 200년이 지나도록 살아남았다. 중서부의 거의 모든 사과나무가 그가 심은 것이라고 부풀려질 정도로 전설이 된 것이다.

다른 사람의 마음 속에 씨앗을 심는다. 우리가 떠나더라도 우리가 배운 것은 사라지지 않도록 한다. 우리가 아는 것을 정신적인 퇴비 더미에 쌓아두어 새로운 꽃밭을 살찌우는 비료가 되게 한다. 게릴라 가든을 만들면서 얻은 경험과 성취는 많은 사람을 위한 영감이 될 수 있다. 어레시 1451의 말처럼 게릴라 가든은 작은 대학이다. 그는 게릴라 가든이 복잡한 도시에서 곡물을 키우는 기술을 저장하는 은행이라고 생각하고 그 기술은 모든 사람이 배워야 한다고 믿는다. "사용하지 않는 땅이 있다면 언제 어디든 게릴라의 손길이 닿아야 한다. 게릴라 가드닝이라고 해도 좋고 '매일 가드닝'(Everyday Gardening)이나 '지구를 구하는 가드닝'(Let's Heal the Earth Gardening)이라고 불러도 좋다."

우리가 남기는 유산이 돌에 새긴 기념비처럼 영원하리라고 기대하지는 말아야 한다. 꽃밭은 살아 숨쉬는 존재여서 자연스럽게 진화하도록 내버려두어야 한다. 뉴욕 그린섬의 대표 에디 스톤은 정원이 번성하려면 사회 구조도 경직되지 않고 생생하게 살아 있어야 한다는 사실을 잘 알고 있다. 변화를 향한 열린 자세와 새로운 참여자가 가장 중요한 요소다. 꽃밭의 형태가 화석화하지 않고 그런 변화에 맞추어 바뀌어가도록 허용해야 한다. 새로운 참여자들은 우리와는 다른 계획을 가지고 있을 것이다. 브루클린의 퀸시 가에 있는 어느 커뮤니티 가든이 위기에 처한 것은 그것이 자기들만을 위한 독서와 휴식의 공간이어야 한다고 고집을 부리는 노인들 때문이었다. 그 독서 애호가들은 글자를 읽을 수 있든 아니든 정원을 이어받을 사람 하나 남기지 않고 세상을 떠났고 꽃밭은 황폐해졌다. 다행히 제임스(James) 2315 같은 신참이 꽃밭의 가능성을 알아보고 게릴라 가드너가 되어 실험적으로 복원을 시도했는데, 그의 시도는 금세 지지와 합법화를 얻게 되었다.

베를린 훔볼트(Humboldt) 대학 마당 구석에 만든 2세대 게릴라 가든을 방문한 적이 있다. 율리아 013으로부터 정원을 물려받은 학생들은 소박한 색깔의 구석 꽃밭을 화려한 야영장으로 탈바꿈시켰다. 나는 열아홉 살 먹은 세바스티안(Sebastian) 1583, 그의 친구 하이너(Heiner)와 1582 벤니(Benny) 1584와 함께 새로 만든 그들의 아지트에서 점심을 함께 했다. 목재 폐기물과 버려진 소파로 꾸민 그곳에서 그들이 꽃밭을 가꾸면서 겪는 시행착오에서 무엇을 배웠는지 들었다.

나의 경우에도 어떻게 하면 승리가 오래 가도록 할 수 있을지를 충분히 고민하지 않고 시작한 게릴라 가든이 여럿 있다. 영주관과 스트래트포드의 꽃밭이 그랬다. 그 장소들은 내가 늘 활동하는 런던 남부에서 멀었지만, 그냥 내버려진 채로 두기에는 너무나 매력적이었다. 그래서 섬세한 꽃밭을 만들도록 도와줄 동네 사람들을 찾아냈고, 그들은 꽃밭을 돌보겠노라고 약속했다. 하지만 꽃밭은 점점 지난날의 상태로 되돌아갔다. 내가 나서서 장거리 구조 작업을 하고 동네 사람들을 참여시키려고 애썼지만 자원만 낭비하게 되어 결국 손을 들고 말았다. 투쟁에서 이기려면 지역 주민이 주인공이 되어 싸움을 시작해야 한다는 교훈이었다. 그들은 필요한 만큼 오래 싸움을 지속할 개인적인 동기와 의지를 가지고 있기 때문이다. 나의 실패는 본거지에서 멀리 떨어진 곳에서, 동등한 대원들이 아니라 타고난 지휘자들과 함께 싸웠기 때문이었다. 우리의 역할은 경험이 풍부한, 그러나 짧은 기간만 함께 하는 동료의 역할이어야 한다. 영주관과 스트래트포드에서 나는 대원들만 싸우도록 내버려둔 리더였다.

우리가 하는 일을 기록하고 사진을 남기고 일지를 쓰는 것이 좋다. 게릴라 가드닝을 하다보면 써두어야 할 이야기가 너무나 많이 생긴다. 제라드 윈스탠리(게릴라로는 너무나 빨리 무너진)는 적어도 문서로 된 유산을 남겼다. 그리고 후세들은 그의 유산에서 영감을 얻어 공동체의 이익을 위해 땅을 차지할 수 있었다. 1906년 루이스 베런스(Lewis H. Berens)는 그에게 바치는 찬사에서 그의 유산을 이렇게 요약한다.

> 그가 뿌린 씨앗은 메마른 땅에 떨어졌다. 무지라는 가혹한 서리에 굳어져 죽은 바위처럼 보이지만, 지식이라는 생명의 태양이 잠자고 있는 가능성을 휘저어 일깨우면, 생명이 돌아오고 싹이 나 웅장한 나무로 자라 생기를 주는 과실을 내고, 그 가지의 그늘 아래에서 휴식과 안전을 찾는 모든 이를 기꺼이 보호하리니.

맺는 말

건강한 지구를 위한 한 걸음!

게릴라 가드너들은 규칙을 깨뜨림으로써 사회의 관습에 도전장을 던진다. 공공의 공간에서 그렇게 규칙을 깨뜨리는 것은 우리의 정치적 환경을 대놓고 부정하는 행동이다. 게릴라 가드너 대부분은 민주 사회라는 범주 안에서 투쟁한다. 민주 사회는 다양한 견해에 귀를 기울이고 설득력이 있으면 받아들이는 구조를 가리킨다. 동시에 우리는 자본주의 체제의 참여자이기도 하다. 그 체제에서는 모든 것에 값이 매겨지고 모든 자원이 거래된다.

대부분의 게릴라 가드너들은 정치적 소속이라는 편협함을 피한다. 외부인들은 우리에게 온갖 정치적 색채를 덧씌운다. 뉴욕 시장은 게릴라 가드너들을 공산주의자라고 부르고, 애덤 스미스 인스티튜트(우파 싱크탱크)는 GuerrillaGardening.org에 지지 의사를 표하고, 저널리스트들은 우리를 무정부주의자, 문화 교란자라고 묘사한다. 게릴라 가드너들 스스로는 자신의 시도를 공산주의자, 평등주의자, 상황주의자, 자유의지론자, 영성가, 치료사, 심지어는 파시스트라고 묘사한다. 나는 '상식'이라고 하고 싶다.

잘 되는 공동체 꽃밭은 많은 수가 게릴라 활동에서 시작되어 더 행복하고 더 사교적이고 더 지속가능한 새로운 사회의 축소판으로 발전한 것들이다. 달라진 길가 둔덕조차 변화의 가능성을 가리키는 신호다. 우리는 생산과 소비의 패턴을 바꿈으로써 건강한 지구를 향한 더 큰 책임을 떠맡아야 한다는 사실을 잘 안다. 꽃밭을 만드는 일은 올바른 방향으로 나아가는 한 발걸음이다. 그리고 게릴라 가드닝은 장애물들에 개의치 않고 내딛는 발걸음이다. 버려진 타인의 땅에 무언가를 심기로 하는 것은 다른 사람이 피하는 책임을 지는 일이다.

그러나 정치와 지속가능성 말고 내가 게릴라 가드너가 된 이유는 꽃밭 가꾸는 일을 사랑하기 때문이다. 내가 사는 고층 아파트에서 창밖으로 고개를 내밀면, 전에는 지저분하던 길에서 무성하게 자라는 화단이 눈에 들어온다. 영광스러운 전경에 자부심이 차오른다. 하지만 나는 꽃밭에서 벌어지는 싸움이 결코 끝나는 일이 없음을 상기한다. 오늘밤 저 들쭉날쭉한 부들레이아 덤불을 다듬어야 하기 때문이다.

이 책에 나온 꽃·나무·작물들과 게릴라 가드너들의 활동 더 보기

- 딸기
  Fragaria ananassa
- 앵초
  primula polyanthus
- 코코넛
  cocos nucifera
- 샐비어
  Salvia
- 스칼렛 킹
  Salvia splendens
- 커먼 세이지
  Salvia officinalis
- 수선화
  Narcissus
- 캐비지트리
  Cordyline australis
- 플랙스
  Phormium
- 진달래
  Azalea 'Johanna'
- 갯개미취
  Aster novi-belgii
- 헤더
  Calluna vulgaris
- 돈나무
  Pittosporum tenuifolium
- 라벤더
  Lavandula angustifolia
- 튤립
  Tulipa
- 독일가문비나무
  Picea abies

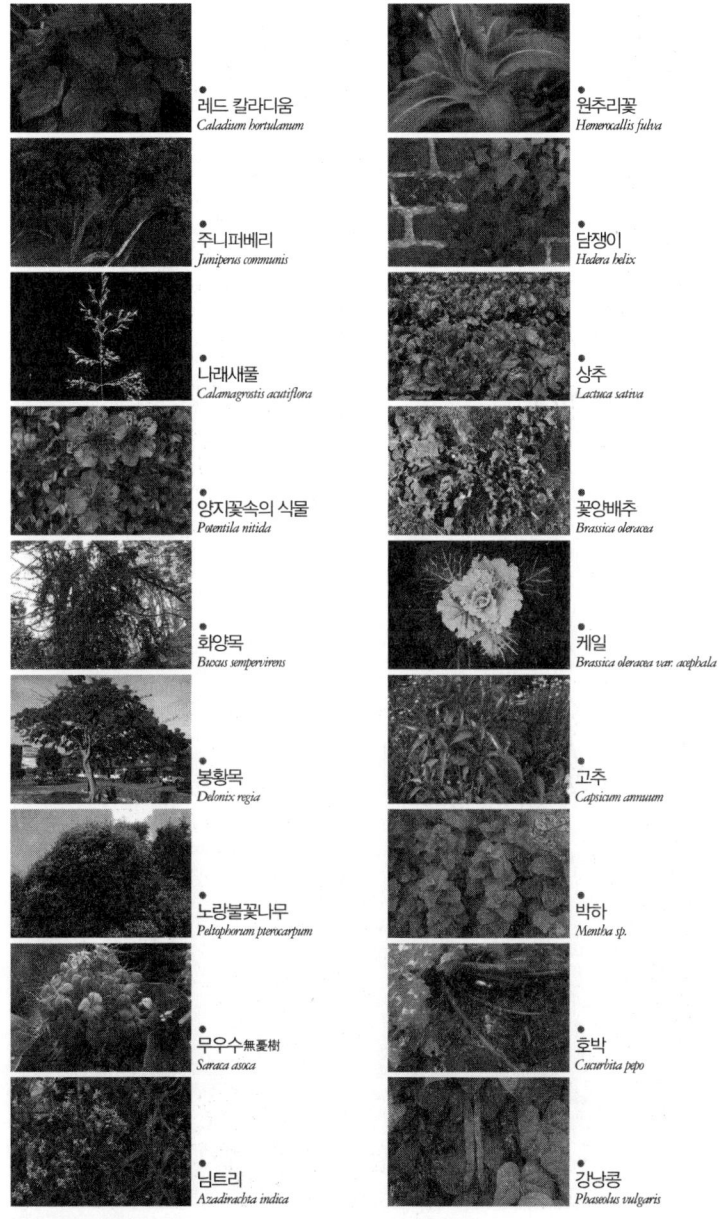

- 레드 칼라디움
  Caladium hortulanum
- 주니퍼베리
  Juniperus communis
- 나래새풀
  Calamagrostis acutiflora
- 양지꽃속의 식물
  Potentila nitida
- 화양목
  Buxus sempervirens
- 봉황목
  Delonix regia
- 노랑불꽃나무
  Peltophorum pterocarpum
- 무우수無憂樹
  Saraca asoca
- 님트리
  Azadirachta indica
- 원추리꽃
  Hemerocallis fulva
- 담쟁이
  Hedera helix
- 상추
  Lactuca sativa
- 꽃양배추
  Brassica oleracea
- 케일
  Brassica oleracea var. acephala
- 고추
  Capsicum annuum
- 박하
  Mentha sp.
- 호박
  Cucurbita pepo
- 강낭콩
  Phaseolus vulgaris

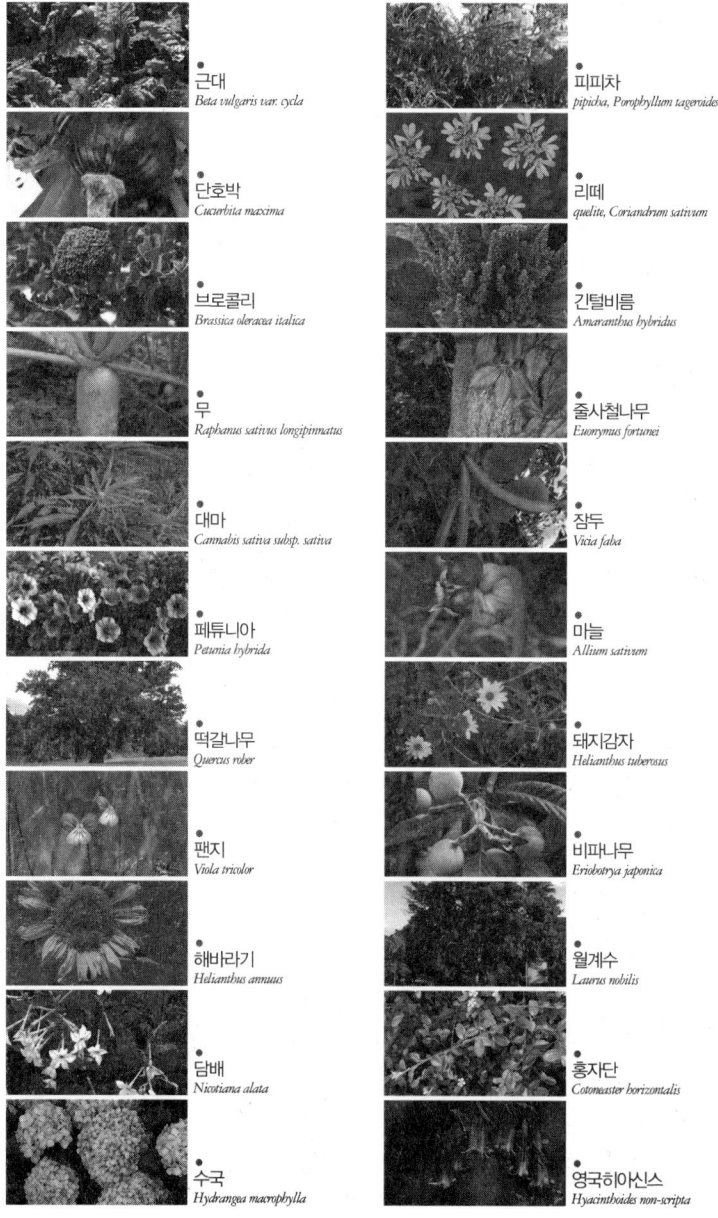

- 근대
  Beta vulgaris var. *cycla*
- 단호박
  Cucurbita maxima
- 브로콜리
  Brassica oleracea italica
- 무
  Raphanus sativus longipinnatus
- 대마
  Cannabis sativa subsp. *sativa*
- 페튜니아
  Petunia hybrida
- 떡갈나무
  Quercus rober
- 팬지
  Viola tricolor
- 해바라기
  Helianthus annuus
- 담배
  Nicotiana alata
- 수국
  Hydrangea macrophylla
- 피피차
  pipicha, *Porophyllum tagetoides*
- 리떼
  quelite, *Coriandrum sativum*
- 긴털비름
  Amaranthus hybridus
- 줄사철나무
  Euonymus fortunei
- 잠두
  Vicia faba
- 마늘
  Allium sativum
- 돼지감자
  Helianthus tuberosus
- 비파나무
  Eriobotrya japonica
- 월계수
  Laurus nobilis
- 홍자단
  Cotoneaster horizontalis
- 영국히아신스
  Hyacinthoides non-scripta